甘肃省公航旅集团建设项目特种设备使用安全防护标准化指南

（试行）

《甘肃省公航旅集团建设项目特种设备使用安全防护标准化指南（试行）》编委会 编

人民交通出版社股份有限公司

北京

内 容 提 要

本书依据国家、地方相关法律法规、标准规范及作者走访大量实际工程的经历和安全管理经验编写，主要内容包括总则、塔式起重机安全指南、施工升降机安全指南、架桥机及配套设备安全指南、桥门式起重机安全指南。

本书可供公路建设项目专职安全管理人员、施工技术人员、工程管理人员使用。

图书在版编目(CIP)数据

甘肃省公航旅集团建设项目特种设备使用安全防护标准化指南：试行/《甘肃省公航旅集团建设项目特种设备使用安全防护标准化指南（试行）》编委会编. —北京：人民交通出版社股份有限公司，2022.8
ISBN 978-7-114-18105-4

Ⅰ.①甘… Ⅱ.①甘… Ⅲ.①建筑机械—安全防护—指南 Ⅳ.①TU607-62

中国版本图书馆 CIP 数据核字(2022)第 130666 号

Gansu Sheng Gong-hang-lü Jituan Jianshe Xiangmu Tezhong Shebei Shiyong Anquan Fanghu Biaozhunhua Zhinan(Shixing)

书　　名：	甘肃省公航旅集团建设项目特种设备使用安全防护标准化指南（试行）
著 作 者：	《甘肃省公航旅集团建设项目特种设备使用安全防护标准化指南（试行）》编委会
责任编辑：	屈闻聪
责任校对：	赵媛媛　龙　雪
责任印制：	刘高彤
出版发行：	人民交通出版社股份有限公司
地　　址：	(100011)北京市朝阳区安定门外外馆斜街3号
网　　址：	http://www.ccpcl.com.cn
销售电话：	(010)59757973
总 经 销：	人民交通出版社股份有限公司发行部
经　　销：	各地新华书店
印　　刷：	北京建宏印刷有限公司
开　　本：	880×1230　1/16
印　　张：	11
字　　数：	201千
版　　次：	2022年8月　第1版
印　　次：	2022年8月　第1次印刷
书　　号：	ISBN 978-7-114-18105-4
定　　价：	80.00元

(有印刷、装订质量问题的图书由本公司负责调换)

《甘肃省公航旅集团建设项目特种设备使用安全防护标准化指南(试行)》编委会

主要起草人：姜　虎　冯金义　郭凤斌　马钧剑

　　　　　　戴振红　李　远　孔令炯　孙东林

　　　　　　李东阳　傅天民　张　骞　白　晶

　　　　　　杜龙怀　张勇刚　董　婷

主 编 单 位：甘肃省公路航空旅游投资集团有限公司

参 编 单 位：甘肃省公路建设管理集团有限公司

　　　　　　甘肃省特种设备检验检测研究院

前　言

实行公路建设项目特种设备使用安全防护标准化管理是坚决贯彻习近平总书记关于安全生产重要指示的重要举措,是坚持人民利益至上,始终把安全生产放在首要位置,切实维护人民群众生命财产安全的重要抓手,是深入学习贯彻党的十九届五中全会和中央经济工作会议精神,围绕"六稳""六保"工作任务,统筹发展和安全,守住一条底线,拉升一条高线,完善两个体系,突出两个监管,推动三项改革,强化三个支撑,不断提升安全监管能力和水平的重要手段。为此,本书编写组依据国家、地方法律法规、标准规范及我国公路建设领域大型央企、甘肃省公路建设标杆项目的典型经验做法,总结编制了《甘肃省公航旅集团建设项目特种设备使用安全防护标准化指南(试行)》(以下简称"指南")。

本指南由甘肃省公路航空旅游投资集团有限公司(简称甘肃公航旅集团)及甘肃省特种设备检验检测研究院组织编制。编写组先后实地走访检查甘肃公航旅集团平凉(华亭)至天水高速公路项目、甘肃公航旅集团甜永高速公路项目、甘肃公航旅集团天庄高速公路项目特种设备安全生产管理工作,依据走访经历及安全管理经验,编制此指南。

本指南共5章,主要内容包括:总则、塔式起重机安全指南、施工升降机安全指南、架桥机及配套设备安全指南、桥门式起重机安全指南。分别从塔式起重机、建筑用施工升降机、架桥机、桥式起重机、门式起重机的工作原理、安全生产技术规范、使用管理方法、日常维护保障等方面进行阐述说明,旨在使读者能够通过本指南对特种设备的设计、制造、管理、使用、维护、检验等方面有全面的了解与认识。同时本指南还可指导现场安全生产管理人员,提升施工现场特种设备安全生产管理水平,有效预防生产安全事故,实现生产施工科学化、安全管理规范化、安全使用标准化的目标。

本指南由《甘肃省公航旅集团建设项目特种设备使用安全防护标准化指南（试行）》编委会组织编写，由甘肃省特种设备检验检测研究院负责管理及集体解释。本指南执行过程中如发现需要修改及补充之处，请随时将意见和建议反馈至甘肃省特种设备检验检测研究院（地址：甘肃省兰州市七里河区东坪街538号，邮政编码：730050），以便及时修订。

编 者
2022年5月

目 录

第 1 章 总则 ··· 1
1.1 特种设备安全管理基本要求 ·· 1
1.2 特种设备使用人员及管理 ··· 1
1.3 特种设备使用登记 ·· 8
1.4 特种设备安全监察规程相关要求 ·· 12
1.5 起重机械的使用管理与安全运行 ·· 13
1.6 特种设备安全管理责任与流程 ·· 26

第 2 章 塔式起重机安全指南 ··· 27
2.1 塔式起重机安全管理要求 ··· 27
2.2 塔式起重机安全管理员及司机责任要求 ·· 28
2.3 塔式起重机安全要求 ·· 31
2.4 塔式起重机安拆、顶升、使用安全规范 ·· 39
2.5 建筑施工升降设备设施检验标准 ·· 45
2.6 建筑起重机械安全评估技术规程 ·· 52

第 3 章 施工升降机安全指南 ··· 61
3.1 施工升降机安全管理要求 ··· 61
3.2 施工升降机安全管理员及司机责任要求 ·· 62
3.3 施工升降机基本原理 ·· 63
3.4 施工升降机安全规程 ·· 84
3.5 施工升降机安拆、维护、使用安全规范 ·· 89

第 4 章 架桥机及配套设备安全指南 ··· 98
4.1 架桥机及配套设备安全管理要求 ·· 98
4.2 架桥机通用技术要求 ·· 98
4.3 架桥机及配套设备安全管理员及司机职责要求 ·· 115
4.4 架桥机使用安全规范 ·· 117

第5章　桥门式起重机安全指南 ·· 135
　5.1　桥门式起重机安全管理要求 ·· 135
　5.2　桥门式起重机日常安全使用相关要求 ·································· 142
　5.3　桥门式起重机设备安全要求 ·· 157
参考文献 ·· 165

第1章 总　　则

1.1 特种设备安全管理基本要求

特种设备的生产、使用、检验检测应依照《中华人民共和国特种设备安全法》《中华人民共和国安全生产法》《特种设备安全监察条例》及相关国家标准进行。

1.2 特种设备使用人员及管理

1.2.1 使用单位

1.2.1.1 使用单位的定义

使用单位是指具有特种设备使用管理权的单位(包括公司、子公司、机关事业单位、社会团体等有法人资格的单位和具有营业执照的分公司、个体工商户等。)或者具有完全民事行为能力的自然人,一般是特种设备的产权单位(产权所有人,下同),也可以是产权单位通过符合法律规定的合同关系确立的特种设备实际使用管理者。特种设备属于共有的,共有人可以委托其他管理人管理特种设备,受托人是使用单位;共有人未委托的,实际管理人是使用单位;没有实际管理人的,共有人是使用单位。

特种设备用于出租的,出租期间,出租单位是使用单位;法律另有规定或者当事人合同约定的,从其规定或者约定。

1.2.1.2 使用单位主要义务

特种设备使用单位主要义务如下：

(1)建立并且有效实施特种设备安全管理制度和高耗能特种设备节能管理制度,以及操作规程。

(2)采购、使用取得许可生产(含设计、制造、安装、改造、修理,下同),并且经检验合格的特种设备,不得采购超过设计使用年限的特种设备,禁止使用国家明令淘汰和已经报废的特种设备。

(3)设置特种设备安全管理机构,配备相应的安全管理人员和作业人员,建立人员管理台账,开展安全培训教育,保存人员培训记录。

(4)办理使用登记,领取特种设备使用登记证(简称"使用登记证"),设备注销时交回使用登记证。

(5)建立特种设备台账及技术档案。

(6)对特种设备作业人员作业情况进行检查,及时纠正违章作业行为。

(7)对在用特种设备进行经常性维护和自行检查,即使排查和消除事故隐患,对在用特种设备的安全附件、安全保护装置及其附属仪器仪表进行定期校验(检定、校准,下同)、检修,即使提出定期检验和能效测试申请,接受定期检验和能效测试,并且做好相关配合工作。

(8)制定特种设备事故应急专项预案,定期进行应急演练;发生事故及时上报,配合事故调查处理等。

(9)保证特种设备安全、节能必要的投入。

(10)法律、法规规定的其他义务。

1.2.2 特种设备安全管理机构

1.2.2.1 职责

特种设备安全管理机构是指使用单位中承担特种设备安全监督管理职责的内设机构。高耗能特种设备使用单位可以将节能管理职责交由特种设备安全管理机构承担。

特种设备安全管理机构的职责是贯彻执行特种设备有关法律、法规和安全技术规范及相关标准,负责落实使用单位的主要义务;承担高耗能特种设备节能管理职责的机构,还应当负责开展日常节能检查,落实节能责任制。

1.2.2.2 机构设置

符合下列条件之一的特种设备使用单位,应当根据本单位特种设备的类别、品种、用途、数量等情况设置特种设备安全管理机构,逐台落实安全责任人:

(1)使用电站锅炉或者石化与化工成套装置的。

(2)使用为公众提供运营服务电梯的(注:为公众提供运营服务的特种设备使用单位,是指以特种设备作为经营工具的使用单位),或者在公众聚集场所(注:公众聚集场所,是指学校、幼儿园以及医疗机构、车站、机场、客运码头、商场、餐饮场所、体育场馆、展览馆、公园、宾馆、影剧院、图书馆、儿童活动中心、公共浴池、养老机构等)使用30台以上(含30台)电梯的。

(3)使用10台以上(含10台)大型游乐设施的,或者10台以上(含10台)为公众提供运营服务非公路用旅游观光车辆的。

(4)使用客运架空索道,或者客运缆车的。

(5)使用特种设备(不含气瓶)总量大于50台(含50台)的。

1.2.3 特种设备安全管理人员和作业人员

1.2.3.1 主要负责人

主要负责人是指特种设备使用单位的实际最高管理者,对其单位所使用的特种设备安全节能负总责。

1.2.3.2 安全管理负责人

特种设备使用单位应当配备安全管理负责人。特种设备安全管理负责人是指使用单位最高管理层中主管本单位特种设备使用安全管理的人员,应当取得相应的特种设备安全管理资格证书。

安全管理负责人职责如下:

(1)协助主要负责人履行本单位特种设备安全的领导职责,确保本单位特种设备的安全使用;

(2)宣传、贯彻《中华人民共和国特种设备安全法》以及有关法律、法规、规章和安全技术规范;

(3)组织制定本单位特种设备安全管理制度,落实特种设备安全管理机构设置、配备安全管理员;

(4)组织制定特种设备事故应急专项预案,并且定期组织演练;

(5)对本单位特种设备安全管理工作实施情况进行检查;

(6)组织进行隐患排查,并且提出处理意见;

(7)当安全管理员报告特种设备存在事故隐患应当停止使用时,立即做出停止使用特种设备的决定,并且及时报告本单位主要负责人。

1.2.3.3 安全管理员

特种设备安全管理员是指具体负责特种设备使用安全管理的人员,应当取得相应的特种设备安全管理资格证书。

1)安全管理员的主要职责

(1)组织建立特种设备安全技术档案;

(2)办理特种设备使用登记;

(3)组织制定特种设备操作规程;

(4)组织开展特种设备安全教育和技能培训;

(5)组织开展特种设备定期自行检查;

(6)编制特种设备的定期检验计划,督促落实定期检验和隐患治理工作;

(7)按照规定报告特种设备事故,参加特种设备事故救援,协助进行事故调查和善后处理；

（8）发现特种设备事故隐患，立即进行处理，情况紧急时，可以决定停止使用特种设备，并且及时报告本单位安全管理负责人；

（9）纠正和制止特种设备作业人员的违章行为。

2）安全管理员配备

特种设备使用单位应当根据本单位特种设备的数量、特性等配备适当数量的安全管理员。

使用各类特种设备总量20台以上（含20台）的应当配备专职安全管理员，并且取得相应的特种设备安全管理人员资格证书。

除前款规定以外的使用单位可以配备兼职安全管理员，也可以委托具有特种设备安全管理人员资格的人员负责使用管理，但是特种设备安全使用的责任主体仍然是使用单位。

1.2.3.4 节能管理人员

高耗能特种设备使用单位应当配备节能管理人员，负责宣传贯彻特种设备节能的法律法规。

锅炉使用单位的节能管理人员应当组织制定本单位锅炉节能制度，对锅炉节能管理工作实施情况进行检查；建立锅炉节能技术档案，组织开展锅炉节能教育培训；编制锅炉能效测试计划，督促落实锅炉定期能效测试工作。

1.2.3.5 作业人员

1）作业人员的职责

特种设备作业人员应当取得相应的特种设备作业人员资格证书，其主要职责如下：

（1）严格执行特种设备有关安全管理制度，并且按照操作规程进行操作；

（2）按照规定填写作业、交接班等记录；

（3）参加安全教育和技术培训；

（4）对特种设备进行经常性维护，对发现的异常情况及时处理并且记录；

（5）作业过程中发现事故隐患或者其他不安全因素，应当立即采取紧急措施，并且按照规定的程序向特种设备安全管理人员和单位有关负责人报告；

（6）参加应急演练，掌握相应的应急处置技能。

锅炉作业人员应当严格执行锅炉节能管理制度，参加锅炉节能教育和技术培训。

2）作业人员配备

特种设备使用单位应当根据本单位特种设备数量、特性等配备相应持证的特种设备作业人员，并且在使用特种设备时应当保证每班至少有一名持证的作业人员在岗。有关安全技术规范对特种设备作业人员有特殊规定的,从其规定。

1.2.4 特种设备安全与节能技术档案

使用单位应当逐台建立特种设备安全与节能技术档案。

安全技术档案至少包括以下内容:

(1)使用登记证;

(2)特种设备使用登记表(简称使用登记表);

(3)特种设备的设计、制造技术资料和文件,包括设计文件、产品质量合格证明(含合格证及其数据表、质量证明书)、安装及使用维护说明、监督检验证书、型式试验证书等;

(4)特种设备的安装、改造和修理的方案、图样、材料质量证明书和施工质量证明文件、安装改造维修监督检验报告、验收报告等技术资料;

(5)特种设备的定期自行检查记录和定期检验报告;

(6)特种设备的日常使用状况记录;

(7)特种设备及其附属仪器仪表的维护记录;

(8)特种设备安全附件和安全保护装置校验、检修、更换记录和有关报告;

(9)特种设备的运行故障和事故记录及处理报告。

特种设备节能技术档案包括锅炉能效测试报告、高耗能特种设备节能改造技术资料等。

使用单位应当在设备使用地保存上述(1)、(2)、(5)、(6)、(7)、(8)、(9)条规定的资料和特种设备节能技术档案的原件或者复印件,以便备查。

1.2.5 安全节能管理制度和操作规程

1.2.5.1 安全节能管理制度

特种设备使用单位应当按照特种设备相关法律、法规、规章和安全技术规范的要求,建立健全特种设备使用安全节能管理制度。

管理制度至少包括以下内容:

(1)特种设备安全管理机构(需要设置时)和相关人员岗位职责;

(2)特种设备经常性维护、定期自行检查和有关记录制度;

(3)特种设备使用登记、定期检验、锅炉能效测试申请实施管理制度;

(4)特种设备隐患排查治理制度;

(5)特种设备安全管理人员与作业人员管理和培训制度;

(6)特种设备采购、安装、改造、修理、报废等管理制度;

(7)特种设备应急救援管理制度;

(8)特种设备事故报告和处理制度;

(9)高耗能特种设备节能管理制度。

1.2.5.2 特种设备操作规程

使用单位应当根据所使用设备运行特点等,制定操作规程。操作规程一般包括设备运行参数、操作程序和方法、维护要求、安全注意事项、巡回检查和异常情况处置规定以及相应记录等。

1.2.6 特种设备维护与检查

使用单位应当根据设备特点和使用状况对特种设备进行经常性维护。维护应当符合有关安全技术规范和产品使用维护说明的要求。对发现的异常情况及时处理,并且做出记录,保证在用特种设备始终处于正常使用状态。

法律对维护单位有专门资质要求的,使用单位应当选择相应资质的单位实施维护。鼓励其他特种设备使用单位选择具有相应能力的专业化、社会化的维护单位进行维护。

1.2.6.1 定期自行检查

为保证特种设备的安全运行,特种设备使用单位应当根据所使用的特种设备的类别、品种和特性进行定期自行检查。

定期自行检查的时间、内容和要求应当符合有关技术规范的规定及产品使用维护说明的要求。

1.2.6.2 定期检验

(1)使用单位应当在特种设备定期检验有效期届满前的1个月以内,向特种设备检验机构提出定期检验申请,并且做好相关的准备工作。

(2)移动式(流动式)特种设备,如果无法返回使用登记地进行定期检验的,可以在异地(指不在使用登记地)进行,检验后,使用单位应当在收到检验报告之日起30日内将检验报告(复印件)报送使用登记机关。

(3)定期检验完成后,使用单位应当组织进行特种设备管路连接、密封、附件(含零部件、安全附件、安全保护装置、仪器仪表等)和内件安装、试运行等工作,并且对其安全性负责。

(4)检验结论为合格时,使用单位应当按照检验结论确定的参数使用特种设备。

1.2.7 隐患排查与异常情况处理

1.2.7.1 隐患排查

使用单位应当按照隐患排查治理制度进行隐患排查,发现事故隐患应当及时消除,待隐患消除后,方可继续使用。

1.2.7.2 异常情况处理

特种设备在使用中发现异常情况的,作业人员或者维护人员应当立即采取紧急措施,并且按照规定的程序向使用单位特种设备安全管理人员和单位有关负责人报告。

使用单位应当对出现故障或者发生异常情况的特种设备及时进行全面检查,查明故障和异常情况原因,并且及时采取有效措施,必要时停止运行。安排检验、检测期间,不得带病运行、冒险作业,待故障、异常情况消除后,方可继续使用。

1.2.8 应急预案与事故处置

1.2.8.1 应急预案

特种设备安全管理机构和配备专职安全管理员的使用单位,应当制定特种设备事故应急专项预案,每年至少演练一次,并且做好记录;其他使用单位可以在综合应急预案中编制特种设备事故应急的内容,适时开展特种设备事故应急演练,并且做好记录。

1.2.8.2 事故处置

发生特种设备事故的使用单位,应当根据事故应急预案,立即采取应急措施,组织抢救,防止事故扩大,减少人员伤亡和财产损失,并且按照《特种设备事故报告和调查处理规定》的要求,向特种设备安全监管部门和有关部门报告,同时配合事故调查做好善后处理工作。

发生自然灾害危及特种设备安全时,使用单位应当立即疏散、撤离有关人员,采取防止危害扩大的必要措施,同时向特种设备安全监管部门和有关部门报告。

1.2.9 移装

特种设备移装后,使用单位应当办理使用登记变更。整体移装的,使用单位应当进行整机自行检查;拆卸后移装的,使用单位应当选择取得相应许可的单位进行安装。按照有关安全技术规范要求,拆卸后移装需要进行检验的,应当向特种设备检验机构申请检验。

1.2.10 达到设计使用年限的特种设备

特种设备达到设计使用年限、使用单位认为可以继续使用的,应当按照安全技术规范及相关产品标准的要求,经检验或者安全评估合格,由使用单位安全负责人同意、主要负责人批准,办理使用登记变更后,方可继续使用。允许继续使用的,应当采取加强检验、检测和维护等措施,确保特种设备使用安全。

1.2.11 起重机使用单位特别规定

使用单位负责塔式起重机、施工升降机在使用过程中的顶升行为,并且对其安全性能负责。

1.3 特种设备使用登记

1.3.1 一般要求

(1)特种设备在投入使用前或者投入使用后 30 日内,使用单位应当向特种设备所在地的直辖市或者设区的市的特种设备安全监管部门申请办理使用登记。办理使用登记的直辖市或者设区的市的特种设备安全监管部门,可以委托下一级特种设备安全监管部门(以下简称登记机关)办理使用登记;对于整机出厂的特种设备,一般应当在投入使用前办理使用登记。

(2)流动作业的特种设备,向产权单位所在地的登记机关申请办理使用登记。

(3)国家明令淘汰或者已经报废的特种设备,不符合安全性能或者能效指标要求的特种设备,不予办理使用登记。

1.3.2 登记方式

锅炉、电梯、起重机械和场(厂)内专用机动车辆应当按台(套)向登记机关办理使用登记,车用气瓶以车为单位进行使用登记。

1.3.3 使用登记程序

使用登记程序,包括申请、受理、审查和颁发使用登记证。

1.3.3.1 申请

1)按台(套)办理

使用单位申请办理特种设备使用登记时,应当逐台(套)填写使用登记表,向登记机关提交以下相应资料,并且对其真实性负责:

(1)使用登记表(一式两份);

(2)含有使用单位统一社会信用代码的证明或者个人身份证明(适用于公民个人所有的特种设备);

(3)特种设备产品合格证(含产品数据表、车用气瓶安装合格证明);

(4)特种设备监督检验证明(安全技术规范要求进行使用前的首次检验的特种设

备,应当提交使用前的首次检验报告);

(5)锅炉能效证明文件。

锅炉房内的分汽(水)缸随锅炉一同办理使用登记;锅炉与用热设备之间的连接管道总长小于或等于1000m时,压力管道随锅炉一同办理使用登记;包含压力容器的撬装式承压设备系统或者机械设备系统中的压力管道可以随其压力容器一同办理使用登记。登记时另提交分汽(水)缸、压力管道元件的产品合格证(含产品数据表),但是不需要单独领取使用登记证。

没有产品数据表的特种设备,登记机关可以参照已有特种设备产品数据表的格式,制定其特种设备产品数据表,由使用单位根据产品出厂的相应资料填写。

可以采用网上申报系统进行使用登记。

2)按单位办理

使用单位申请办理特种设备使用登记时,应当向登记机关提交以下相应资料,并且对其真实性负责:

(1)使用登记表(一式两份);

(2)含有使用单位统一社会信用代码的证明;

(3)监督检验证明、定期检验证明。

1.3.3.2 受理

登记机关收到使用单位提交的申请资料后,能够当场办理的,应当场作出受理或者不予受理的书面决定;不能当场办理的,应在5个工作日内作出受理或者不予受理的书面决定。申请材料不齐或者不符合规定时,应当一次性告知需要补正的全部内容。

1.3.3.3 审查及发证

自受理之日起15个工作日内,登记机关应当完成审查、发证或者出具不予登记的决定,对于一次申请登记数量超过50台或者按单位办理使用登记的可以延长至20个工作日。不予登记的,出具不予登记的决定,并且书面告知不予登记的理由。

登记机关对申请资料有疑问的,可以对特种设备进行现场核查。进行现场核查的,办理使用日期可以延长至20个工作日。

准予登记的特种设备,登记机关应当按照《特种设备使用登记证编号编制方法》编制使用登记证编号,签发使用登记证,并且在使用登记表最后一栏签署意见、盖章。

1.3.4 资料及信息

登记工作完成后,登记机关应当将特种设备基本信息录入特种设备管理信息系统,实施动态管理。

采用纸质申报方式进行使用登记的,登记机关应当将特种设备产品合格证及其产品数据表复印一份,与使用登记表一同存档,并且将使用单位申请登记时提交的资料交还使用单位。

1.3.5 定期检验日期的确定

首次定期检验的日期和实施改造、拆卸移装后的定期检验日期,由使用单位根据安全技术规范、监督检验报告和使用情况确定。

1.3.6 变更登记

按台(套)登记的特种设备改造、移装、变更使用单位或者使用单位更名、达到设计使用年限继续使用的,按单位登记的特种设备变更使用单位或者使用单位更名的,相关单位应当向登记机关申请变更登记。

办理特种设备变更登记时,如果特种设备产品数据表中的有关数据发生变化,使用单位应当重新填写产品数据表。变更登记后的特种设备,其设备代码保持不变。

1.3.6.1 改造变更

特种设备改造完成后,使用单位应当在投入使用前或者投入使用后30日内向登记机关提交原使用登记证、重新填写使用登记表(一式两份)、改造质量证明资料以及改造监督检验证书(需要监督检验的),申请变更登记,领取新的使用登记证。登记机关应当在原使用登记证和原使用登记表上做注销标记。

1.3.6.2 移装变更

1)在登记机关行政区域内移装

在登记机关行政区域内移装的特种设备,使用单位应当在投入使用前向登记机关提交原使用登记证、重新填写的使用登记表(一式两份)和移装后的检验报告(拆卸移装的),申请变更登记,领取新的使用登记证。登记机关应当在原使用登记证和原使用登记表上做注销标记。

2)跨登记机关行政区域移装

(1)跨登记机关行政区域移装特种设备的,使用单位应当持原使用登记和使用登记表向原登记机关申请办理注销;原登记机关应当注销使用登记证,并且在原使用登记证和使用登记表上做注销标记,向使用单位签发《特种设备使用登记证变更证明》。

(2)移装完成后,使用单位应当在投入使用前,持《特种设备使用登记证变更证明》、标有注销标记的原使用登记表和移装后的检验报告(拆卸移装的),向移装地登记机关重新申请使用登记。

1.3.6.3 单位变更

(1)特种设备需要变更使用单位,原使用单位应当持使用登记证、使用登记表和有效期内的定期检验报告到原登记机关办理变更;或者产权单位凭产权证明文件,持使用登记证有效期内的定期检验报告到原登记机关办理变更;登记机关应当在原使用登记证和原使用登记表上做注销标记,签发《特种设备使用登记证变更证明》。

(2)新使用单位应当在投入使用前或者投入使用后30日内,持《特种设备使用登记证变更证明》、标有注销标记的原使用登记表和移装后的定期检验报告,向移装地登记机关重新申请使用登记。

1.3.6.4 更名变更

使用单位或者产权单位名称变更时,使用单位或者产权单位应当持原使用登记证、单位名称变更的证明资料,重新填写使用登记表(一式两份),到登记机关办理更名变更,换领新的使用登记证。两台以上特种设备批量变更的,可以简化处理。

1.3.6.5 达到设计使用年限继续使用的变更

使用单位对达到设计使用年限继续使用的特种设备,使用单位应当持原使用登记证、按照本指南的规定办理的相关证明材料,到登记机关申请变更登记。登记机关应当在原使用登记证右上方标注"超设计使用年限"字样。

1.3.6.6 不得申请移装变更、单位变更的情况

有下列情形之一的特种设备,不得申请办理移装变更、单位变更:

(1)已经报废或者国家明令淘汰的;
(2)进行过非法改造、修理的;
(3)不符合本指南2.5.3中第(3)、(4)条规定的;
(4)达到设计使用年限;
(5)检验结论为不合格或者能效测试结果不满足法规、标准要求的。

1.3.7 停用

特种设备拟停用1年以上的,使用单位应当采取有效的保护措施,并且设置停用标志,在停用后30日内填写《特种设备停用报废注销登记表》,告知登记机关。重新启用时,使用单位应当进行自行检查,到使用登记机关办理启用手续;超过定期检验有效期的,应当按照定期检验的有关要求进行检验。

1.3.8 报废

对存在严重事故隐患,无改造、修理价值的特种设备,或者达到安全技术规范规定的报废期限的,应当及时予以报废,产权单位应当采取必要措施消除该特种设备的使用功

能。特种设备报废时,按台(套)登记的特种设备应当办理报废手续,填写《特种设备停用报废注销登记表》,向登记机关办理报废手续,并且将使用登记证交回登记机关。

非产权所有者的使用单位经产权单位授权办理特种设备报废注销手续时,需提供产权单位的书面委托或者授权文件。

使用单位和产权单位注销、倒闭、迁移或者失联,未办理特种设备注销手续的,使用登记机关可以采用公告的方式停用或者注销相关特种设备。

1.3.9 使用标志

(1)特种设备(车用气瓶除外)使用登记标志与定期检验标志合二为一,统一为《特种设备使用标志》;

(2)场(厂)内专用机动车辆的使用单位应当将车牌照固定在车辆前后悬挂车牌的部位。

1.4 特种设备安全监察规程相关要求

根据《特种设备安全法》及《特种设备安全监察条例》要求,特种设备使用单位应当使用符合安全技术规范要求的特种设备。

特种设备投入使用前,使用单位应当核对其是否附有特种设备出厂时应当附有的安全技术规范要求的设计文件、产品质量合格证明、安装及使用维修说明、监督检验证明等文件。

特种设备在投入使用前或者投入使用后30日内,特种设备使用单位应当向直辖市或者设区的市的特种设备安全监督管理部门登记。登记标志应当置于或者附着于该特种设备的显著位置。

特种设备使用单位应当对在用特种设备进行经常性日常维护,并定期自行检查。

特种设备使用单位对在用特种设备应当至少每月进行一次自行检查,并做记录。特种设备使用单位在对在用特种设备进行自行检查和日常维护时发现异常情况的,应当及时处理。

特种设备使用单位应当对在用特种设备的安全附件、安全保护装置、测量调控装置及有关附属仪器仪表进行定期校验、检修,并做记录。

特种设备使用单位应当按照安全技术规范的定期检验要求,在安全检验合格有效期届满前1个月向特种设备检验检测机构提出定期检验要求。

检验检测机构接到定期检验要求后,应当按照安全技术规范的要求及时进行检验。未经定期检验或者检验不合格的特种设备,不得继续使用。

特种设备存在严重事故隐患,无改造、维修价值,或者超过安全技术规范规定使用年限,特种设备使用单位应当及时予以报废,并应当向原登记的特种设备安全监督管理部门办理注销。

特种设备使用单位应当制定特种设备的事故应急措施和救援预案。

特种设备的安全管理人员应当对特种设备使用状况进行经常性检查,发现问题的应当立即处理;情况紧急时,可以决定停止使用特种设备并及时报告本单位有关负责人。

特种设备的作业人员及其相关管理人员,应当按照国家有关规定经特种设备安全监督管理部门考核合格,取得国家统一格式的特种作业人员证书,方可从事相应的作业或者管理工作。特种设备使用单位应当对特种设备作业人员进行特种设备安全教育和培训,保证特种设备作业人员具备必要的特种设备安全作业知识。特种设备作业人员在作业中应当严格执行特种设备的操作规程和有关的安全规章制度。特种设备作业人员在作业过程中发现事故隐患或者其他不安全因素,应当立即向现场安全管理人员和单位有关负责人报告。

1.5 起重机械的使用管理与安全运行

1.5.1 起重机械使用管理的目的与意义

起重机械的正常使用,通常是指正常作业条件(额定载荷、正常工况、机电设备处于良好的技术状态、人员思想和业务素质过硬、严格按操作规程作业)下起重机从事装卸、安装和物件吊运作业,并且充分发挥其设计效用的工作过程。起重机使用管理是从验收投用到寿命终止、起重机报废的全过程中对起重机、人员、费用的管理。

随着技术状况的变化,起重机在使用过程中,由起升载荷、自重载荷、动载荷、碰撞载荷、惯性载荷、其他载荷的作用,以及环境条件、使用方法、操作规范、工作持续时间的影响,某些技术性能逐渐降低。要有效控制使用期内起重机技术状态的变化,延缓工作性能劣化和额定能力降低的进程,维持正常使用,除了应该创造适合起重机工作的环境条件以外,还要求做好起重机使用管理工作,其最终目的在于达到"合理使用"。

起重机使用管理的任务,是坚持管用结合、人机并重的原则,正确使用起重机,充分发挥起重机设计功能效用,安全、优质、高速、低耗地完成所担负的生产作业任务,并且取得最佳经济效益。

起重机管理全过程中的各项工作,只有使用才能体现起重机购置的目的,其余的如选型运输、安装调试、维护修理、技术改造、报废更新等,都是围绕着保证起重机能够正常使用这个中心所进行的各项工作。因此,起重机使用管理是其全过程管理工作的核心。

这个管理核心包含着组织管理、技术管理、经济管理、正确使用等具体内容。所有内容又各有侧重,各自应达到的目的和相互依存的关系分别为:通过对起重机司机、起重工及机组人员、技术管理人员的组织管理和起重机的技术管理,保证起重机的正确使用;通过对起重机的正确使用,完成和超额完成安装、施工、装卸和生产作业任务;通过起重机经济的使用管理,降低生产成本。

1.5.2 起重机械使用管理的要求

起重机使用管理的最终目的当然是对起重机的正确使用,而正确使用则包含着技术合理和经济合理两个方面的内容,也就是起重机使用的高效率和经济性。除了"先天因素"——起重机选型、装卸生产施工工艺方案设计与实施以外,在"后天因素"——先天因素确定后的使用条件下,达到高效率运行的目的。

1.5.2.1 技术合理

按照有关技术文件上规定的起重机性能、使用要领、操作规程、安全规则、交接班制度,以及不同工况、工作环境、自然条件下使用要求,正确操作使用起重机。

1.5.2.2 经济合理

在起重机使用说明书中规定的技术性能参数(额定起重能力、跨度、幅度、起升高度、工作速度等)允许的范围内,充分发挥起重机的技术功能作用,作用中以高效、低耗换取良好的经济效益。

1.5.3 起重机使用管理制度

1.5.3.1 重机的"三定"管理制度

起重机的"三定"管理制度即是定机、定人、定岗位责任制的管理制度。这种制度是人机固定原则的具体化,通过"三定"管理制度的建立与实施,以达到确保起重机正确和最合理使用、精心维护、具有良好技术状态的目的。

具体地说,每一台起重机都具有一些实际存在而且独特的机构运动特性和使用操作特点,即使相同的机型,控制装置选型不同,其操作方法也不尽完全相同。因此,每台起重机的使用中,除了有关的一般性、通用性技术文件(安全操作规程、使用维护说明书)、管理规章制度所规定的操作使用要点以外,还要根据起重机机构中特有的功能状况和先进技术应用程度及特点来正确使用。实行"三定"管理制度,有利于起重机及机组人员掌握和熟悉所定机型的特点,对于发挥机械效率、预防和排除故障、避免事故的发生都具有十分重要的意义。同时,还有利于:增强定机人员的责任心和爱机心理,使起重机经常处于良好技术状况下作业;开展单机核算和参与评优活动;实现起重机运行原始资料和记录的正确性、完整性和连续性,提高统计水平和经济分析准确程度;起重机故障早期预防;促进司机和机组人员的工作责任感和劳动管理。实践证明,"三定"管理制度简单易行,不需要特殊条件。"三定"管理制度落实得好,起重机技术状况和管理工作都具备创优的评比条件。因此,管理中的"三定"管理制度是一项收效颇佳的普遍性劳动组织措施,在今后较长时期,仍有沿用的价值。

1.5.3.2 "三定"管理制度的内容

(1)司机及机组人员职责。起重机司机和机组人员努力钻研业务技术,了解和掌握所定起重机的技术性能、构造、原理、操作维护规程,达到应知、应会的要求。

(2)正确使用与管理。司机和机组人员保证在起重机使用过程中,杜绝违章违纪行为,安全生产,发挥机械效能,以正确使用、管理来保证起重机完成各项额定生产指标。

(3)精心维护与修理起重机。

(4)填写运行和实际作业情况,做好运行记录。

(5)认真执行各项管理制度与岗位责任制度。

"三定"管理制度首先是制度的制定和制度形式的确定,其中定人、定机是基础,要求人人有岗有责,起重机台台有人使用管理;定岗位责任制是保证。"三定"管理制度的关键还在于制度的逐项执行与落实。

1.5.3.3 交接班制度

交接班制度是起重机使用管理中的重要组成部分。起重机为多班制生产时,操作者必须严格执行这一制度。交接班制主要包括以下内容:

(1)交代清楚本班次生产作业任务的完成情况。

(2)交代清楚运转情况。要求上一班人员交代清楚起重机或各个机构的运行和操作情况,说明有无异常振动或噪声、异味,以及处理经过,或交代下班运行中应观察的重点。

(3)交代清楚维护、修理与技术检查情况。要求上一班人员交代清楚维护、修理情况和有疑问的部分。

(4)填写记录。要求认真如实地填写本班运行记录(包括开机停机时间、作业内容、生产进度、作业任务完成量、维护修理及换件),交接者双方签字。

对于一班制工作的起重机,虽然没有直接的交接班手续,但是也必须按多班制生产的起重机一样,下班前认真填写起重机实际运行记录、故障或征兆、维修记录等,作为起重机的履历保存。

1.5.3.4 起重机使用岗位责任制度

为了加强司机、机组人员和管理人员的工作责任心,安全高效地完成生产作业任务,必须遵守岗位责任制度。岗位责任制的内容包括下面几点:

(1)严格遵守"三定"管理制度、凭证操作制度、操作维护规程。

(2)加强学习、掌握技能、做好点检、日常维护、定期维护工作。

（3）参加所操作使用与管理的起重机的检查和修理工作,并对外包修理项目进行技术验收。

（4）不违章作业,抵制违章指挥。

（5）认真执行交接班制度,填好起重机运行记录。

（6）起重机若发生事故,应按有关规程采取相应的制止措施,还应坦白说明事故原因和经过。

（7）管理好起重机使用的工属具。

1.5.3.5 起重机使用管理监督检查制度

各企业为保证起重机的正确使用管理,应根据国家和行业有关文件规定,结合实际情况制定切实可行的起重机使用管理、监督检查制度。

起重机监督检查工作的内容包括以下几点:

（1）积极宣传有关起重机规章制度、操作规程、规范,并监督有关部门贯彻执行。

（2）参与起重机的安装、修理、改造、试验与验收。

（3）对起重机使用方案进行审定。

（4）检查机组与维修人员的遵章守纪劳动观念,对违章违纪现象及时制止与纠正。

（5）对事故原因作认真调查与分析,并提出改进意见。

（6）组织和指导起重机检查和竞赛评比活动。

1.5.4 起重机械操作维护管理

1.5.4.1 起重机械操作维护的意义

从起重机的机件、元件损坏的原因可以看出,很多事故原因所造成的损坏是完全可以避免的,而有形磨损造成的损坏虽然不能完全避免,但是了解和掌握了机械磨损规律,采取有效措施,可以减缓磨损,延长使用寿命,以达到充分发挥起重机使用效用的目的。从实践经验可知,除了提高起重机设计制造和修理质量,采用新材料、新工艺,增加零件表面的涂层或改进润滑方式等提高零件的耐磨性以外,在使用过程中,还应发挥机组人员的主导作用,合理使用起重机,并严格遵守有关技术规程和规章制度。在这个基础上,定期、有计划、有目的地对起重机进行清洁、润滑、紧固、调整、防腐、检查、排除故障,更换已磨损或失效的零件、元件,使起重机保持正常、良好的工作状态。这一系列活动称为起重机操作维护。

操作维护是为了减少起重机运动机件的有形磨损,防止和减少故障产生,延长修理周期,维持良好技术状态,保证完成生产作业任务而发挥最好效能,延长起重机的使用寿命。要达到上述目的,必须加强起重机的操作维护管理,要求司机、起重工和维护修理人员在操作维护过程中严格遵守有关作业制度和注意事项、程序、要领、基本原则、规程与规范,忠于职守。

1.5.4.2 操作维护规程

1)操作维护规程的编制原则

操作维护规程是起重机使用管理中重要的指导性技术文件,直接关系到使用部门能否正确使用起重机。因此,操作规程的编制要具有指导性和约束性,操作维护规程的编制一般遵循以下原则。

(1)力求内容精炼、重点突出、全面实用。参照使用环境、作业条件按起重机操作顺序及班前、工作时、班后的工作内容和注意事项编写,一般为了便于记忆,采用分条排列。

(2)机型、作业对象和作业方式相同的起重机,可以编制通用规程。

(3)应按照具体机型、主要技术性能、结构特点、操作维护内容、要求和注意事项按顺序编制,便于操作维护人员掌握要点、执行与实施。

(4)对于大型以上、重点和生产线上的关键型起重机,操作维护规程要用专制的板牌显示在机房、休息室、司机室内部的围壁上,要求及提醒操作维护人员特别注意。

2)起重机操作维护规程的内容

(1)操作者必须熟悉起重机的结构和性能,经考试合格并取得"特殊工种操作证"后,方能进行独立操作,并应遵守安全守则。

(2)按照润滑规定加足润滑油料,加油后要将油箱、油杯的盖子盖好。

(3)每班开动前必须进行以下各项检查。

①吊钩钩头、滑轮有无缺陷。

②钢丝绳是否完好,在卷筒上的固定是否牢固,有无脱槽现象。

③大车、小车及起升机构的制动器是否安全可靠。

④各传动机构是否正常,各安全开关是否灵敏可靠,起升限位开关和大小车限位开关是否正常。

⑤起重机运行时有无异常振动与噪声。

若发现缺陷或不正常现象,应立即进行调整、检修,不得"带病"使用。

(4)开车前,应将所有控制手柄扳至零位,关好门窗,鸣铃示警后方可开车。

(5)起重机起动要求平稳,并逐挡加速;对起升机构每挡的转换时间可在 $1 \sim 2s$,对运行机构每挡的转换时间不小于 $3s$;对大起重量的桥式起重机,各挡转换时间在 $6 \sim 18s$,视起重量而定,严禁高挡起动。

(6)严禁超规范使用起重机,必须遵守《起重机械安全管理规程》中"十不吊"的规定。

①超过额定载荷不吊。

②指挥信号不明、起重量不明、光线暗淡不吊。

③吊索和附件捆扎不牢、不符合安全要求不吊。

④起重机拴挂工件直接加工不吊。

⑤歪拉斜挂不吊。

⑥工件上站人或工件上浮放有活动物件的不吊。

⑦氧气瓶、乙炔发生器等具有爆炸性物品不吊。

⑧带棱角刃口物件没有钢丝绳被切断保护措施的不吊。

⑨埋在地下或水中的物件不拔吊。

⑩干部违章指挥不吊。

(7)每班第一次起吊重物(或者载荷在最大额定起重量)时,应在重物吊离地面 0.3~0.5m 后,将重物放下以检查制动器性能是否正常,确认可靠后继续起吊。

(8)操作控制器时,必须按档次进行。要保持被吊物平稳,吊钩转动时不允许起升,防止钢丝绳出槽或扭绕。

(9)起重机或小车运行至接近终点时,应降低速度,严禁用终点开关作停车手段使用,也不允许用反车达到制动目的。

(10)操作者在作业中应按规定对下列各项作业鸣铃报警。

①起升、降落重物,开动大、小车运行时。

②起重机在视线不清处行驶通过时,要连续鸣铃报警。

③起重机运行至接近同跨内另一台起重机时。

④吊运重物接近人员时。

(11)禁止起重机悬吊重物在空中长时间停留。起重机在吊着重物时,操作者和起重工不得随意离开工作岗位。

(12)起重机运行时禁止人员上下车,禁止在轨道或走台上行走,也不允许从事检修。

(13)对于双吊钩(主、副钩)起重机,不准同时用两钩吊两个物件,不工作的吊钩必须开到接近上极限高度位置,并且不准带有吊索。

(14)有主副吊钩的起重机,在主副吊钩换用或两钩高度相近时,必须一个一个单独工作,以避免两钩相碰。

(15)同一跨度内有多台起重机工作时,两起重机之间必须保持 >1.5m 的距离,以防碰撞。工作需要接近时,应经邻机司机同意,但最小距离应在 0.3m 以上。

(16)禁止两台起重机同时吊一物件,在特殊情况下需要双机抬吊时,要采取安全措施,且每台起重机均不得超载荷,并由精通专业技术的主管工程师负责现场指挥。单机允许起吊最大载荷规定为该机额定起重量的 85%。

(17)在正常工作中变换运行方向时,必须将控制器手柄扳到"零位",当机构完全停止转动后再换向开动。

(18)电器各种保护装置必须保持完好,不得随意调整和更换。

(19)起重机运行中电气设备注意的问题。

①电动机有无过热、异常振动和噪声。

②配电箱内的起动器有无异常噪声。

③电动机轴承、磁盘有无过热现象。

④直流电动机换相器的火花大小。

⑤导线有无松动及摩擦现象。

⑥若发生故障,如电动机过热、异常噪声、线路及配电箱冒烟等,应立即停机,切断电源进行检修。

(20)露天工作的起重机,风力大于6级或遇到雷雨时,应立即停止工作,不工作时,应将起重机开到停车位置,并可靠锚固。

(21)如果为抓斗或电磁盘的起重机。还应遵守以下规定:

①使用抓斗或电磁盘工作时,必须保证电缆和钢丝绳运动速度一致,不得使抓斗、电磁盘转动,以免电缆和钢丝绳相互缠绕发生事故。

②不准用电磁盘吊运温度在200℃以上的工件。

③使用抓斗时,不允许抓取整块物件,避免在吊运中滑落。

④当发现电磁盘有残磁时(切断电源后有部分重物不能掉离电磁盘),应停机进行检修。

(22)吊运作业完成后,将起重机开到指定地点,小车开到司机室一端,吊钩升起,将全部控制器扳到"零位",切断电源,并清扫擦拭,保持清洁。做好当班运行记录和交接班工作。

1.5.4.3 维护管理

1)起重机维护管理的原则

起重机的维护也应执行《国营工业交通企业设备管理试行条例》明确规定的原则,即"企业的设备管理应当依靠技术进步、促进生产发展和预防为主,坚持设计、制造与使用相结合,维护与计划检修相结合,修理、改造与更新相结合,专业管理与群众管理相结合,技术管理与经济管理相结合的原则",即认真做好维护,减缓机械磨损,降低故障率,减少故障停机损失与维修费用,提高生产效率,降低生产成本。

2)起重机维护的目的和作用

(1)起重机维护的目的。起重机在使用中,各运动件产生有形磨损、连接件产生松动、电液控制元器件产生积尘结垢、缺油和油液变质、机械零件的装配关系发生变化、金属结构产生腐蚀,从而引起起重机技术性能、经济性能和安全性能都不同程度地降低,因此,在起重机零件磨损尚未达到极限磨损程度和产生故障之前,为预防和消除隐患,保证起重机经常处于良好技术状态,应对起重机进行维护。

(2)对起重机维护的要求。做好起重机的维护,能起到如下作用：

①保证起重机经常具有良好的技术性能,使各个机构工作正常可靠,提高其完好率、利用率等管理指标。

②保证起重机具有良好的使用性能。加强结构件保护,保持连接牢靠、电液元器件动作与功能正常,避免因机电因素产生异常振动,满足起重机正常使用要求。

③保证安全使用。

④符合国家及部门规定的有关环保标准。

⑤合理、有效地延长起重机使用寿命。通过对起重机的维护,有效地延长起重机或机构的修理间隔时间,包括大修理周期,从而延长起重机使用寿命。

起重机维护,应达到某些具体要求,包括整齐、清洁、紧固、调整、润滑、安全等。

①整齐。起重机的取物装置、吊索、机具、辅助用具应摆放整齐,做到使用方便,井然有序。

②清洁。起重机结构件、部件、机房及整机外观清洁,无油垢、无锈蚀。

③紧固。机构在运动中各连接件产生振动而容易松脱,必须经常检查固紧,否则导致结构件受力条件劣化,产生变形,机件出现非正常磨损或者液压与润滑系统泄漏等。

④调整。机件在运动中由于外力作用,有时候重要的装配技术条件发生变化,必须进行调整。其中包括间隙调整和行程调整等。

⑤润滑。熟悉起重机的润滑图表及润滑点,定时、定油品、定数量加油,按质换油。润滑机件保证齐全、清洁、畅通,液压系统油路畅通,油泵压力正常、表面清晰、反应灵敏,各部位轴承润滑良好。

⑥安全。遵守起重机安全操作技术规程,防止吊装事故与人身伤亡。应做到限位装置灵活可靠,电控设备接地、绝缘性能良好,信号仪表指示正常。

3)起重机维护的分类管理

起重机维护分为日常维护和定期维护两类。

(1)日常维护。

起重机日常维护是由司机和机组维修人员实施的、贯穿于整个作业班次的一种维护制度,包括作业前的维护检查、作业中的巡视检查、作业结束后的检查调整。

①作业前的维护检查。

a)检查夹轨器是否松开,起重机(或小车)轨道上是否有附着物或积雪及其他障碍物。

b)检查供电系统能否正常、安全供电。

c)检查各个操作手柄是否处于零位。

d)检查司机室、机房、配电系统是否清洁。

e)松开安全锁紧装置,如台车回转式起重机在开车前需要松开常开式旋转液压制动器。

f)接通电源后,检查各控制器、接触器、仪表、照明,通信设备是否正常。

g)上述检查合格后,放下吊具,检查钢丝绳及工作装置是否有损伤、宏观裂纹、异常磨损。

h)开动各机构,检查驱动、传动、支承、制动装置是否有异常声响和漏油;各安全限位装置是否灵敏可靠。

i)检查各机构零部件润滑情况是否良好。

②作业中的检查。

a)随时注意各机构中的机件及结构件铰点的运动情况,感官监测是否有异常振动、噪声。

b)随时注意各安全装置的工作情况。

c)利用作业间闲时间,检查各机构电动机、减速器的轴承部位的壳体外表温升情况;检查调整制动器制动间隙,紧固松动的螺母。

③作业结束之后的检查调整。

在作业结束、交接班之前,做好以下几项工作:

a)按不同的机型要求和指定的停车位置、工况,结束本班次的操作使用。桥式起重机的小车应开到主梁跨端;臂架类起重机臂架系统属于伸缩式的应缩回,组合式的则应停在最小幅度位置,吊钩起升到接近最高位置,臂架平面与轨道中心线平行,抓斗起重机应将抓斗放在地面,下一班不工作的起重机应夹紧夹轨器和拴好锚定。

b)检查钢丝绳是否在滑轮槽内,以及钢丝绳有无磨痕和断丝等缺陷。

c)检查起升、运行、变幅、旋转机构减速器油量和开式齿轮润滑情况;检查油杯、油嘴是否齐全,油量是否充足,油路是否畅通。

d)检查弹性柱销联轴器连接是否松动,弹性圈、柱销及销孔是否磨损;检查制动器拉杆、铰点、制动臂等连接件的完好状况,制动间隙不正确的应进行调整。

e)仔细检查各指示装置、安全装置是否有位置错动等。

f)断开电源,检查各操纵手柄是否回"零位",清洁整理;检查人梯、栏杆、扶手、走台板是否安全可靠。

g)检查确认维护完好后,填写运行记录。

h)正式交班。

起重机日常维护是操作维护的一项基本工作,必须做到制度化和规范化。

(2)定期维护。

起重机的定期维护是在维修工人辅导配合下,由操作者参与的定期维护工作,是起重机管理部门以计划形式下达执行的。两班制工作的起重机,定期维护间隔约 3 个月进行 1 次,复杂环境下使用的起重机,因工作环境条件差、污染严重,机件有形磨损和结构件腐蚀现象严重,外部清洁工作差,一般定期维护间隔 1~2 个月进行 1 次。

①起重机定期维护的内容。

起重机定期维护,除了日常维护项目以外,还包括如下内容:

a)拆卸起重机维护规范中指定的部件、防护罩等,要求彻底解体清洗并检查。

b)检查调整各机构零部件的配合间隙,紧固松动部件和零件,更换易损件。

c)配齐润滑机件,做好润滑工作。

d)对有轻微损伤的零件进行修复和采取换位(翻转)的使用方法继续使用,以节省材料。

②起重机定期点检。

点检实际上是一种状态监测,是按照规定的要求对起重机的指定部位,通过人体感官或检测仪器,进行有无异常状态的检查,使各部分存在的缺陷或隐患能够及时被发现。点检有如下作用:

a)早期发现起重机隐患,以便及时采取有效措施,避免突发故障。

b)可以减少故障重复出现,提高起重机的利用率。

c)可以使交接班工人交接内容具体化、规范化、易于执行。

d)可对起重机单机的运转情况积累资料,便于分析,探索维修规律。

通过点检资料的积累,可以使维修计划的内容具体,符合客观实际。

定期点检由起重机司机、维修工人执行。对起重机工作机构、关键部件、部位进行感官或仪器检查,必要时可作部件解体,将检查结果记录在定期点检卡中,作为安排按需修理的可靠依据。点检卡的制定需要项目和内容明确、全面,因而是一项难度较大的工作,必须由经验丰富的本专业工程技术人员担任。对点检卡编制要求:判别标准确切,简单明确,便于掌握。

执行点检的人员要明确点检的意义,消除怕麻烦的思想,可以在岗位责任制中加以明确,以便使工作持之以恒。

4)维护管理的实施

(1)起重机维护组织管理。

企业对起重机的维护应从组织管理上给予高度重视,合理建立维护机构,配备专业技术力量,制定维护制度,以利于加强起重机维护工作。

①起重机维护机构设置。

一般在规模不大、起重机拥有量不多,且多为中小型机型的情况下,要求设置维护班组,并让起重机司机参与。

规模较大、拥有一定数量、大多为大中型机型的情况下,独立设置起重机(或连同工艺配套机械)的维修车间,司机可以参与维护工作。

重型和关键起重机,其定期维护应由专业性要求较高和具备一定技术条件(维修设备和技术人员)的维修车间承担维护任务。

②技术力量的配备。

根据起重机具体条件来配备维护机构中的技术条件(力量)。如重工及冶金钢铁公司、大型建筑工地,大型及以上起重机在设备中占有重要的地位,在其维护机构中必须设置技术人员岗位。对于重型和关键起重机,维护工作应由本专业或至少是熟悉机型的结构、工作原理,具备起重机修理经验的工程师来指导维护工作。

③维护机构的要求。

对于专职的起重机维修人员,要求具有相应的专业技术理论知识和实际工作技能。能够一专多能,即不仅限于能够出色地完成起重机维护工作,还必须具备故障判断与修理的能力。对于青年工人,要求热爱本职工作,善于观察和思考,刻苦、虚心学技术,在专业人员指导下踏实工作。

此外,还要对维护机构配备合理的、必需的技术装备,替代原始的纯手工劳动方式,以减轻劳动强度,提高工作效率,保证维护质量。

(2)起重机维护的实施。

起重机维护一般可分为以下几种方法。

①专业分工维护。

专业分工维护制是一种提高工效、保证维护质量的有效方法。其突出的优点是可以定人员、定机具、定机构(部位)、定进度、定质量,有利于提高维护工人的专业技术熟练程度和起重机维护质量,有效地缩短维护停机时间,也有利于维护工艺向机械化方面发展,便于建立各项管理制度,加强技术组织管理。随着港口码头和大型现代化工厂的高速度发展,起重机的使用数量还将不断增多,现代化的先进技术在起重机上得到越来越广泛的使用。专业分工维护这种较先进的组织管理形式将会随着行业技术发展和起重机拥有量增加而得到更普遍的采用。

②对口维护。

对口维护制适应于机型多、规格复杂的起重机。其中有以下几种维护方式:一种是一个维修班组对口一个生产单位的起重机,这种方法对维修人员的专业知识和技能要求涉及面广泛而且精湛;另一种是一个维修班组对口一种和几种规格型号的起重机,这种方法的特点是维修人员接触面较前者要窄,但其突出的优点是技术特别熟练,能提高起重机的维护工作效率,保证维护质量。

③司机参与维护。

起重机司机随同维修班组人员一同进行维护作业,积极配合维修工人完成作业任务,或者能够独立完成所分担的项目的全部工作内容。

④强制维护。

起重机强制维护制是针对起重机维护修理工作有疏漏,很可能直接导致某些机构或系统的故障及严重损机后果,维护工作非要进行不可的情况下所采取的维护方式。强制维护包含着两种强制因素,即时间强制和内容强制。在时间强制方面,管理人员根据起重机运行状况,制订起重机维护计划,强制完成。目前,有些企业的起重机使用单位在维护中采取强制维护,以克服只重生产,不重维护;只重经济效益,不重管理的不良倾向。在维护内容强制方面,管理部门要制定司机和机组人员执行维护制度的考核办法,把司机和维修人员的责任分解成操作起重机和维护起重机两个部分,从这两个方面对司机进行考核。这种维护管理制度充分肯定了维护工作的重要性,并且对促进司机做好起重机维护工作起到很大作用。

(3)重型、关键型起重机的维护。

重型、关键型起重机是所拥有者在生产经营活动中极为重要的物质基础,也是企业实现经营方针目标的装备条件。其特点是投资成本高、数量不多、结构复杂、技术先进,是企业的命脉性装备。

因此,对于重型、关键型起重机的维护,除了达到以上所述的各项基本要求以外,还必须重视以下特殊要求。

①特殊管理制度。

a)司机岗位相对稳定。

按"三定"制度选择起重机司机,并且坚持相对稳定,不能随意更换和调动这类起重机司机岗位。要求司机责任心强,操作技术与专业理论知识过得硬,经验丰富,能够正确使用起重机,能配合起重机维修工人出色地完成维护任务和进行一般故障修理与调整。

b)检修人员相对稳定。

除了配备优秀的司机以外,还要根据起重机数量组织建立专业的维修班组,负责这类起重机的专职检查、调整、维护、修理。其中可指定专人对某些部位或机构负责检修。

c)制定维护规程。

参照有关规范和标准,编制起重机维护规程,严格执行与实施,要求实施有计划,评比有依据。

d)确定维修方式与备件。

重点和关键起重机,应优先安排以定期检查、调整、紧固、润滑、修理为内容的预防性维修制度。积极开展和推行起重机的状态监测和故障诊断。对引进机型,应充分发挥故障诊断及自动报警系统的功能,做好运行状态监测为前提的故障预知修理。对于维护修理中所需备件,要充分做好市场调查,了解和掌握货源信息,做好备件的货源组织、仓储和供应管理。

②特殊使用制度。

a)使用维护依据。

重点和关键起重机的使用,必须严格按照起重机使用说明书中的有关程序和规定及方法进行使用。除说明书特别规定外,操作维护工必须按技术文件要求工作,对于一般的通用规则只能作为一定范围的参考。尤其是微电脑、可编程装置等电子设备或系统的维护,必须按这种设备的使用维护说明书进行作业。

b)遵守作业工艺规程。

起重机的使用,必须根据本机所在使用场合,严格按规定的生产工艺操作,不得随意变更作业工艺程序。当然,随意变更作业工艺程序与探索先进、高效、合理、经济的作业工艺方案是不能相提并论的。应提倡和鼓励对作业最佳工艺方案的探索。

c)严禁超载使用。

绝对不允许超性能、超载荷使用起重机,一旦因非正常作业造成事故,将直接导致机损和造成重大经济损失,损失与后果则难以弥补。

d)严禁随意拆卸。

起重机的维护过程中,不要对其机件、液压系统、电控设备、自动控制装置作随意拆卸检查,尤其是引进机型,一旦拆开难以保证原有装配精度,必要时的故障检修必须请专职维修人员承担。

e)及时排除异常现象。

起重机若在运行中有异常现象,如振动、声响等,无论生产任务多么紧张,都应正确处理"维、修、用"在时间上的冲突。必须及时停机检查、修理。不得有任何强制使起重机带着故障继续运行的使用行为。

f)加强油料管理。

对于引进机型的油料管理工作十分重要。要查清楚各种润滑剂和液压油牌号、性能。如果要用国产油料代用,必须将原用油牌号、性能等与国产油料比照,合理选择与替用,禁止随意代用。

g)专用工属具的保管。

重型和关键型起重机,都有较多的专用工属具,应设有专门的存放场所,妥善保管,防止腐蚀或者碰撞损坏;不得外借和作为它用,一旦丢失,其损失金额也很难以补偿;对于生产计划期内较长时间不用的专用工属具,应进行维护后作封存处理,减少非工作性磨损,延长使用寿命。

1.6 特种设备安全管理责任与流程

图 1-1 所示为特种设备安全管理责任与流程。

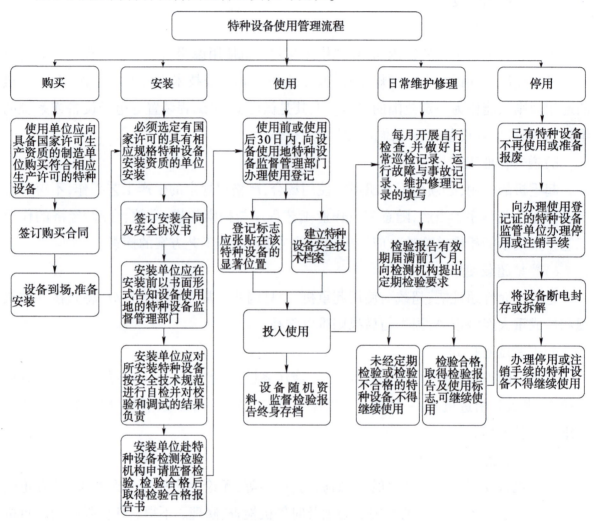

图 1-1 特种设备安全管理责任与流程

第 2 章 塔式起重机安全指南

塔式起重机,简称塔机、塔吊,英文名称为 Tower Crane。塔式起重机是指臂架安装在垂直塔身顶部的回转式臂架型起重机。塔式起重机是集物料垂直、水平输送以及全回转"三维"功能为一体的施工机械(图 2-1)。

图 2-1 塔式起重机

2.1 塔式起重机安全管理要求

根据《中华人民共和国特种设备安全法》规定,塔式起重机属于涉及人身和财产安全,危险性较大的特种设备管理范畴。房屋建筑工地、市政工程工地用起重机械和场(厂)内专用机动车辆的安装、使用的监督管理,由有关部门依照本法和其他有关法律的规定实施。

2.1.1 塔式起重机安全管理应符合的法律法规、规范

《塔式起重机》(GB/T 5031—2008)、《塔式起重机安全规程》(GB 5144—2006)、《塔式起重机 分类》(JG/T 5037—1993)、《塔式起重机混凝土基础工程技术标准》(JGJ/T 187—2019)、《建筑施工塔式起重机安装、使用、拆卸安全技术规程》(JGJ 196—2010)、《建筑施工升降设备设施安全检验标准》(JGJ 305—2013)、《建筑机械使用安全技术规程》(JGJ 33—2012)、《危险性较大的分部分项工程安全管理规定》(住房和城乡建设部令第 37 号)。

2.1.2 塔式起重机安全管理相关要求

（1）塔式起重机应办理备案登记。

（2）塔式起重机的安装及使用，应由施工所在地县级以上建设行政主管部门组织检验。

（3）塔式起重机超过规定使用年限需延长使用时，必须经安全评估合格，否则应报废。安全评估应符合现行行业标准《建筑起重机械安全评估技术规程》（JGJ/T 189）的规定。

（4）塔式起重机安装单位必须具备相应的起重设备安装工程专业承包资质、安全生产许可证；安装人员必须具有建筑施工相应的执业资格和上岗证。

（5）设备产权单位应提供设备生产厂家特种设备制造（生产）许可证、制造监督检验证明、出厂合格证、备案证明等证件资料。

（6）应有审批合格的安装方案（含附着方案）、起重机基础地耐力勘察报告、基础验收及其隐蔽工程资料、基础混凝土试压报告、地脚螺栓产品合格证、塔式起重机安装前检查表、安装自检记录、安装合同（安全协议）等资料。

2.2 塔式起重机安全管理员及司机责任要求

2.2.1 塔式起重机的安全操作规程

（1）操作者必须持有建筑施工特种作业人员操作资格证，作业时必须精神集中。

（2）接班时，应对控制器、制动器、吊钩、钢丝绳、安全装置及各润滑点润滑状态进行检查，并进行一次空载试验，检查起重机各运行机构的工作状态。

（3）开机前必须鸣铃或报警，操作中接近人时应断续鸣铃或报警；吊臂下、起吊物下方不得有人。

（4）操作者必须服从指挥，按指挥信号进行操作，严禁起吊物件在人头上越过。

（5）有下列情况不准起吊：指挥信号不明或无指挥信号不起吊；超负荷和斜料不起吊；细长物件单点起吊或捆扎不牢不起吊；吊物上站人不起吊；吊物边缘锋利，无防护措施不起吊；埋在地下的物体不起吊；安全装置失灵不起吊；光线阴暗看不清被吊物不起吊；6级以上强风天气不起吊；散物装得太满或捆扎不牢不起吊。

（6）不准利用极限装置、急停开关停机。

（7）不准在工作过程中进行调整和维修机械等作业，维护作业时必须切断电源并挂上维护标志牌或加锁。

（8）开关主电源前或工作中突然断电时，应将所有控制手柄扳回零位。起重物件未放下，操作者不准离开操作岗位。

（9）当起重机作业结束时，应将塔式起重机回转机构松闸，吊钩升起，小车停在臂架端部（即最大幅度处），并关闭总电源；当风力达到6级时，应停止塔式起重机的使用，并关闭总电源开关。

（10）严禁将起重机上的安全装置"人为短接或任意调整"。

（11）做好交接班记录，在操作中发现故障及时向有关部门反映，严禁塔式起重机带故障运行。

塔式起重机安全操作规程示例如图 2-2 所示。

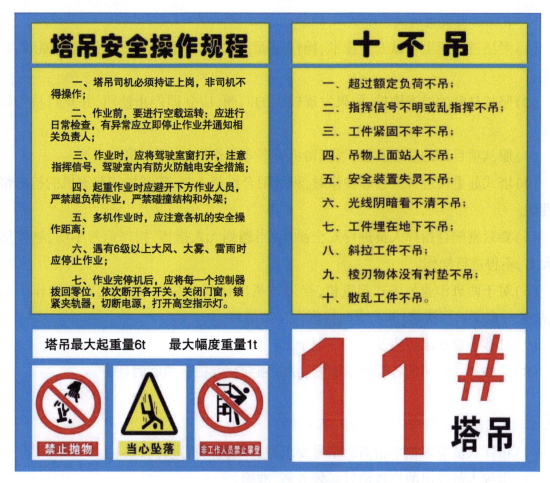

图 2-2　塔式起重机安全操作规程示例

2.2.2　安全管理员职责

(1) 认真贯彻执行安全生产方针政策和法规,落实企业安全生产各项规章制度,结合项目工程特点,对本项目安全生产负协查和管理责任。

(2) 对施工现场环境安全和一切安全防护设施的完整、齐全、有效是否符合安全要求负监督责任。

(3) 对施工现场各类安全防护设施、机械设备进行安全检查验收,监督安全隐患整改落实情况。

(4) 向作业人员进行安全技术措施交底,组织实施安全技术措施。

(5) 同有关部门组织开展项目各类人员的安全生产宣传教育和培训,提高作业人员的安全意识,避免产生安全隐患。

(6) 负责对安全生产进行现场巡视检查,发现事故隐患及时向项目负责人和安全生产管理机构报告,同时采取有效措施。

2.2.3 塔式起重机司机岗位职责

(1)严格遵守起重机械安全技术、操作规程,熟练掌握塔式起重机的构造原理、技术性能。

(2)坚持日常的检查维护,如果发现较大的问题,应立即停止使用,并及时报告领导处理。

(3)服从项目部的管理安排,当班司机应严守工作岗位,不得擅自离开。

(4)塔式起重机进行大修和检修时,积极配合维修人员,熟悉塔式起重机的检修情况及性能。

(5)要紧密配合指挥人员进行安全操作,当遇到无人指挥、指挥信号不明、物体质量过大时,不得进行操作。

(6)对于两班作业的塔式起重机,当班司机应认真填写交班记录,对于操作中的隐患、故障一定要填写清楚,并当面向接班人交接清楚。

(7)日常的检查维护应及时做好记录。

(8)严格遵守公司的各项规章制度,完成领导交办的各项临时任务。

2.2.4 塔式起重机指挥人员安全操作规程

(1)指挥人员应根据本指南的信号要求与起重机司机进行联系。

(2)指挥人员发出的指挥信号必须清晰、准确。

(3)指挥人员应站在使塔式起重机司机能看清指挥信号的安全位置上。当跟随负载运行指挥时,应随时指挥负载避开人员和障碍物。

(4)指挥人员不能同时看清楚塔式起重机司机和负载时,必须增设中间指挥人员以便逐级传递信号,当发现错传信号时,应立即发出停止信号。

(5)负载降落前,指挥人员必须确认降落区域安全时,方可发出降落信号。

(6)当多人绑挂同一负载时,起吊前应先做好呼唤应答,确认绑挂无误后,方可由一人负责指挥。

(7)同时用两台起重机吊运同一负载时,指挥人员应双手分别指挥每台起重机,以确保同步吊运。

(8)在开始起吊负载时,应先用"微动"信号指挥,待负载离开地面100~200mm稳妥后,再用正常速度指挥。必要时,在负载降落前,也应使用"微动"信号指挥。

(9)指挥人员应佩戴鲜明的标志,如标有"指挥"字样的臂章、特殊颜色的安全帽、工作服等。

（10）指挥人员所佩戴手套的手心和手背要易于辨别。

2.2.5　塔式起重机司索工安全操作规程

（1）司索工必须熟悉塔式起重机的安全操作规程和动作特性，并具备绑扎、吊挂知识，熟悉吊钩、绳索等起重工具的性能和报废标准。

（2）司索工在工作前必须认真检查所使用的吊、索具是否牢固，若发现达到报废标准的吊、索具应禁止使用。

（3）吊运物料时应尽可能不要离地面太高，在任何情况下禁止吊运物料从人的上空越过，所有人员不准在吊运物料下停留或行走，并不得将重物长时间吊悬空中，严禁使用塔式起重机吊运人员。

（4）吊运物料时应绑扎牢固，不得在物料上堆放或悬挂零星物品，绑扎钢丝绳与物料的夹角不得小于30°，严禁用手直接校正已被物料张紧的吊、索具。

（5）如吊运的物件涂有油污，应将绑扎处的油污除净，以防滑脱。锐边棱角应用软物衬垫，防止割断吊、索具，绑扎后长出的不受力的绳头，必须紧绕在吊钩或吊物上，以防吊物在移动中钩挂到人员或物品。

（6）合理选择起吊区，严禁使用塔式起重机进行斜拉、斜吊和起吊埋没在地下或凝结在地面的重物。在任何情况下，严禁用人身质量来平衡吊物或以人力支撑重物起吊。

（7）起吊满载或接近满负荷重物时，应先将重物吊离地面20cm，停机检查塔式起重机的稳定性、制动的可靠性、重物的平稳性、绑扎的牢固性，确认无误后方可提升。对于有可能晃动的物料必须拴拉绳。

（8）盘状的钢筋原材料（一般每盘重2.5～3t），必须根据物料实重，按起重力矩幅度指示标志调整小车的相应力矩位置后，方可起吊物料。

（9）司索工必须熟悉各型号塔式起重机臂端所能起吊质量和熟悉各截面规格钢材每根的质量。

2.3　塔式起重机安全要求

2.3.1　塔式起重机基础结构安全要求

2.3.1.1　塔式起重机基础结构件的安全要求

（1）主要结构件应无扭曲、变形、可见裂纹和严重锈蚀，焊缝应无目视可见的焊接缺陷。

（2）主要结构连接件应安装正确且无缺陷。销轴有可靠轴向止动且正确使用开口销,高强度螺栓连接按要求预紧,有防松措施且螺栓露出螺母端部的长度不应小于10mm。

(3)平衡重、压重的安装数量、位置应与设计要求相符,且相互间应可靠固定,能保证正常工作时不位移、不脱落。

(4)塔式起重机安装后,在空载、无风的状态下,塔身轴心线对支承面的侧向垂直度不应大于0.4%;附着后,最高附着点以下的垂直度不应大于0.2%。

(5)斜梯扶手高度不应低于1m,斜梯的扶手间宽度不应小于600mm,踏板应由具有防滑性的金属材料制作,踏板横向宽度不应小于300mm,梯级间隔不应大于300mm。斜梯及扶手固定可靠。

直立梯边梁之间宽度不应小于300mm,梯级间隔为250~300mm,直立梯与后面结构间的自由空间(踏脚间隙)不应小于160mm,踏杆直径不应小于16mm。高于地面2m以上的直立梯应设置直径为600~800mm的护圈。直立梯和护圈应安装牢靠。

(6)当梯子高度超过10m时,应设置休息小平台,第一个小平台不应超过12.5m高度处,以后每隔10m内设置一个。

(7)对附着式塔式起重机,附着装置与塔身和建筑物的连接必须安全可靠,建筑物上的附着点强度应满足承载要求;连接件不应松动,附着的水平距离和附着间距符合使用说明书要求;当附墙距离超过使用说明书规定时,应有专项施工方案并附计算书。

(8)平台和走道宽度不应小于500mm,在边缘应设置高度不低于100mm的挡板。

2.3.1.2 塔式起重机机构及零部件的安全要求

1)钢丝绳应符合的要求

(1)钢丝绳绳端固定应可靠,采用压板固定时应可靠;采用金属压制接头固定时,接头不应有裂纹;楔块固定时,楔套不应有裂纹,楔块不应松动。绳夹固定时,绳夹安装应正确,绳夹数应满足相关要求。

(2)当吊钩位于最低位置时,卷筒上应至少保留3圈钢丝绳。

图2-3 吊钩

(3)钢丝绳的规格、型号应符合说明书要求,与滑轮和卷筒相匹配,并正确穿绕。钢丝绳应润滑良好,不应与金属结构摩擦。

(4)钢丝绳不得有扭结、压扁、弯折、断股、笼状畸变、断芯等变形现象。

(5)钢丝绳直径减小量不大于公称直径的7%。

(6)钢丝绳断丝数不应超过规定的数值。

2)吊钩应符合的要求

(1)吊钩(图2-3)应有标记和防脱钩装置,不得使用铸造吊钩。

（2）吊钩表面不应有裂纹、破口、凹陷、孔穴等缺陷，不得焊补。吊钩危险断面不得有永久变形。

（3）吊钩挂绳处断面磨损量不应大于原高度10%。

（4）应有滑轮防跳绳装置，且与滑轮的间隙应小于钢丝绳直径20%。

（5）心轴固定应完整可靠。

3）卷筒应符合的要求

（1）卷筒两侧边缘超过最外层钢丝绳的高度不应小于钢丝绳直径的2倍。卷筒上钢丝绳应排列有序，设有钢丝绳防脱装置。

（2）卷筒壁不应有裂纹或轮缘破损，筒壁磨损量不应大于原壁厚的10%。

（3）在卷筒上钢丝绳尾部固定装置有防松和自紧性能。

4）滑轮应符合的要求

（1）滑轮应转动良好，出现下列情况之一时应报废：

①出现裂纹、轮缘破损等损伤钢丝绳的缺陷。

②轮槽壁厚磨损达到原壁厚的20%。

③轮槽底部直径减少量达到钢丝绳直径的25%或槽底出现沟槽。

（2）应有防止钢丝绳脱槽的装置，该装置与滑轮外缘的间隙应不大于0.2倍钢丝绳直径，且不大于3mm；防脱槽装置可靠有效。

5）连接螺栓、销轴应符合的要求

（1）塔式起重机使用的连接螺栓及销轴材料应符合《塔式起重机设计规范》(GB/T 13752—2017)中5.4.2.2的规定。

（2）起重臂连接销轴的定位结构应能满足频繁拆装条件下安全可靠的要求。

（3）自升式塔式起重机的小车变幅起重臂，其下弦杆连接销轴不宜采用螺栓固定轴端挡板的形式。当连接销轴轴端采用焊接挡板时，挡板的厚度和焊缝应有足够的强度，挡板和销轴应有足够的重合面积，以防止销轴在安装和工作中由于锤击力及转动可能产生的不利影响。

（4）采用高强度螺栓连接时，其连接件表面应清除灰尘、油漆、油迹和锈蚀，应使用力矩扳手或专用扳手，按使用说明书要求拧紧。塔式起重机出厂时应根据用户需要提供力矩扳手或专用扳手。

6）制动器应符合的要求

（1）制动器的零部件不应有裂纹、过度磨损、塑性变形、缺件、缺油等。

（2）外露的运动零部件应设防护罩。

（3）制动器调整适宜，制动过程应平稳可靠。

7）回转系统应符合的要求

（1）对回转部分不设集电环的塔式起重机,应安装回转限位器,塔式起重机回转部分在非工作状态下应能自由旋转。

（2）齿轮应无裂纹、断齿和过度磨损,啮合应均匀平稳。

（3）回转机构活动件外露部分应设防护罩,回转制动器应为常开式。

8）变幅系统应符合的要求

（1）对小车变幅的塔式起重机,应设置双向小车变幅断绳保护装置。

（2）对小车变幅的塔式起重机,应设置检修吊笼且连接可靠。

（3）对小车变幅的塔式起重机,应设置幅度限位且可靠有效,限位开关动作后应保证小车停车时其端部缓冲装置最小距离为200mm。

（4）对小车变幅的塔式起重机,应设置小车防坠落装置。

（5）对小车变幅的塔式起重机,应有小车行走前后止挡缓冲装置。

（6）动臂式塔式起重机应设置臂架低位置和臂架高位置的幅度限位开关。

9）顶升系统应符合的要求

（1）顶升横梁、塔身上的支承座应无变形、裂纹。在顶升时应有防止顶升横梁从塔身支承块中自行脱出的装置。

（2）液压顶升系统中的平衡阀或液压锁与油缸不允许用软管连接。

（3）液压表应度量准确。

10）行走系统应符合的要求

（1）应设置可靠有效的大车行走限位装置,停车后与端部挡架距离不小于0.5m。

（2）在距轨道终端2m处应设置大车行走缓冲装置。

（3）在距轨道终端1m处应设置端部挡架,其高度不应小于行走轮的半径。

（4）应设置行走防护挡板。

（5）应设置夹轨器。

（6）钢轨接头位置应支承在道木或路基箱上。

（7）钢轨接头间隙不应大于4mm,钢轨接头处高差不应大于2mm。

（8）轨道顶面纵、横方向上的倾斜度不应大于1/1000。

（9）左右钢轨接头处的错开值应大于1.5m。

（10）应设置轨距拉杆且间距不大于6m。

（11）轨距偏差允许误差不应大于公称值的1/1000,其绝对值不大于6mm。

11）司机室应符合的要求

（1）司机室结构应牢固,固定应可靠。

（2）司机室内应有绝缘地板和灭火器,门窗完好并挂有起重特性曲线图(表),应有备案标牌、安全操作规程。

(3)升降司机室应设置防断绳坠落装置。

(4)升降司机室应设上下极限限位装置、缓冲装置。

2.3.2 塔式起重机安全防护

塔式起重机结构如图 2-4 所示。

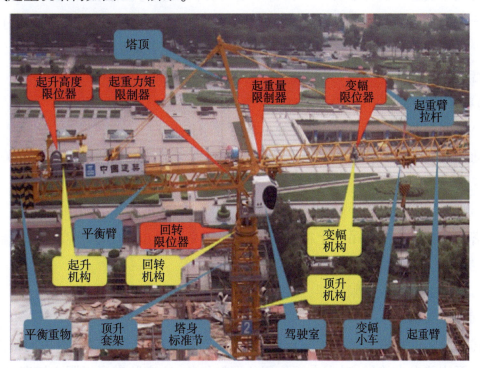

图 2-4 塔式起重机结构

2.3.2.1 塔式起重机安全装置

1)起重量限制器

(1)塔式起重机应安装起重量限制器。如设有起重量显示装置,则其数值误差不应超过实际值的 ±5%。

(2)当起重量大于相应挡位的额定值并小于该额定值的 110% 时,应切断上升方向的电源,但机构可做下降方向的运动。

2)起重力矩限制器

(1)塔式起重机应安装起重力矩限制器。如设有起重力矩显示装置,则其数值误差不应超过实际值的 ±5%。

(2)当起重力矩大于相应工况下的额定值并小于该额定值的 110% 时,应切断上升和幅度增大方向的电源,但机构可做下降和减小幅度方向的运动。

(3)起重力矩限制器控制定码变幅的触点或控制定幅变码的触点应分别设置,且能分别调整。

（4）对小车变幅的塔式起重机,其最大变幅速度超过 40m/min,在小车向外运行,且起重力矩达到额定值的 80% 时,变幅速度应自动转换为不大于 40m/min 的速度运行。

3）行程限位装置

（1）行走限位装置。

轨道式塔式起重机行走机构应在每个运行方向设置行程限位开关。在轨道上应安装限位开关碰铁,其安装位置应充分考虑塔式起重机的制动行程,保证塔式起重机在与止挡装置或与同一轨道上其他塔式起重机相距大于 1m 处能完全停住,此时电缆还应有足够的富余长度。

（2）幅度限位装置。

①小车变幅的塔式起重机,应设置小车行程限位开关。

②动臂变幅的塔式起重机应设置臂架低位置和臂架高位置的幅度限位开关,以及防止臂架反弹后翻的装置。

（3）起升高度限位器。

①塔式起重机应安装吊钩上极限位置的起升高度限位器。起升高度限位器应满足相关规定。

②吊钩下极限位置的限位器,可根据用户要求设置。

4）回转限位器

回转部分不设集电器的塔式起重机,应安装回转限位器。塔式起重机回转部分在非工作状态下应能自由旋转;对有自锁作用的回转机构,应安装安全极限力矩联轴器。

5）小车断绳保护装置

小车变幅的塔式起重机,变幅的双向均应设置断绳保护装置。

6）小车断轴保护装置

变幅小车的塔式起重机,应设置变幅小车断轴保护装置,即使轮轴断裂,小车也不会掉落。

7）钢丝绳防脱装置

滑轮、起升卷筒及动臂变幅卷筒均应设有钢丝绳防脱装置,该装置与滑轮或卷筒侧板最外缘的间隙不应超过钢丝绳直径的 20%。

吊钩应设有防钢丝绳脱钩的装置。

8）风速仪

起重臂根部铰点高度大于 50m 的塔式起重机,应配备风速仪。当风速大于工作极限风速时,应能发出停止作业的警报。

风速仪应设在塔式起重机顶部的不挡风处。

9)夹轨器

轨道式塔式起重机应安装夹轨器,使塔式起重机在非工作状态下不能在轨道上移动。

10)缓冲器、止挡装置

塔式起重机行走和小车变幅的轨道行程末端均需设置止挡装置。缓冲器安装在止挡装置或塔式起重机(变幅小车)上,当塔式起重机(变幅小车)与止挡装置撞击时,缓冲器应使塔式起重机(变幅小车)较平稳地停车而不产生猛烈的冲击。

11)清轨板

轨道式塔式起重机的台车架上应安装排障清轨板,清轨板与轨道之间的间隙不应大于5mm。

12)顶升横梁防脱功能

自升式塔式起重机应具有防止塔身在正常加节、降节作业时,顶升横梁从塔身支承中自行脱出的功能。

2.3.2.2 塔式起重机其他安全防护装置

1)群塔防撞系统

(1)两台塔式起重机之间的最小架设距离应保证处于低位塔式起重机的起重臂端部与另一台塔式起重机的塔身之间至少有2m的距离;处于高位塔式起重机最低位置的部件(吊钩升至最高点或平衡重的最低部位)与低位塔式起重机中处于最高位置部件之间的垂直距离不应小于2m。

(2)群塔作业应编制专项安全施工方案,安装防碰撞系统,并对司机及指挥人员进行专项安全技术交底。群塔如图2-5所示。

图2-5 群塔

(3)防撞系统的基本要求:

①实时显示塔式起重机当前工作参数,使司机能直观了解塔式起重机的工作状态。

②精确实时采集小车幅度、起升高度、回转角度,将当前数据与设定数据进行比较。超出范围时切断不安全方向动作,并声光报警。

③控制群塔的协调作业,相互间不发生碰撞事故。

2)防攀爬设施

(1)塔式起重机应根据当地管理部门的要求设置防攀爬设施,防止闲杂人员攀爬塔式起重机。

(2)框架采用40mm×40mm方钢,中间采用钢板网,钢丝直径或截面不小于2mm,网孔边长不大于20mm,中间通道门可翻转,下方上锁,上方设置插销。

(3)防攀爬装置以安装在地面以上2节标准节中间为宜。图2-6所示为甘肃公航旅集团甜永高速公路项目(宁县段)的防攀爬设施。

图2-6 甘肃公航旅集团甜永高速公路项目(宁县段)的防攀爬设施

2.3.3 塔式起重机安全用电

塔式起重机的电路系统,由动力电路和控制电路两大部分组成。根据塔式起重机的工作环境、工作条件和需要完成的任务,对塔式起重机的安全用电有以下一些具体的要求:

(1)电气系统应符合《施工现场临时用电安全技术规范》(JGJ 46—2005)的规定。

(2)塔式起重机应设置专用开关箱。

(3)总电源开关状态在司机室内应有明显指示。

(4)应设置红色非自动复位型紧急断电开关,该开关应设在司机操作方便的地方。

(5)应设置报警电笛且完好、有效。

(6)控制系统应与照明系统相互独立,且性能完好。

(7)电气控制柜应设置短路保护、过载保护、零位保护、错相与缺相保护和失压保护;应有良好的防雨性能,且有门锁,门上应有警示标志。

(8)额定电压不大于500V时,电气设备和线路的对地绝缘电阻不应小于0.5MΩ。

(9)行走式塔式起重机应设电缆卷筒或走线系统。

（10）塔式起重机应安装避雷接地装置，并应符合规范要求；电缆的使用及固定应符合规范要求。

2.4 塔式起重机安拆、顶升、使用安全规范

塔式起重机的安拆使用，既要满足施工的要求，又要注意周围的环境条件，不能造成干涉、碰撞等危险状况，还要注意地形、地貌、土质情况，以此判断安拆场地是否适合做基础和铺设轨道。

2.4.1 塔式起重机安拆防护及安全须知

据统计，塔式起重机倒塌事故超过70%是在安装、拆卸、顶升加节的时候发生的，主要原因是塔式起重机安装、拆卸、顶升加节时是塔式起重机上下连接最薄弱的时候。这时操作塔式起重机完成安装、拆卸、顶升加节技术难度很大，必须要由进行过专业培训并取得政府有关部门颁发的塔式起重机安装特种操作证的人员，严格按照有关操作程序来操作。同时塔式起重机安装、拆卸属于高空集体作业，本身具有一定的危险性，塔式起重机上下人员必须思想集中、小心谨慎、互相配合、互相监督、严格按照使用说明书要求进行，遵守下列基本要求与注意事项，否则很容易出安全事故。

（1）塔式起重机安装单位必须具备建设行政主管部门颁发的起重设备安装工程专业承包资质和建筑施工企业安全生产许可证。塔式起重机安装单位必须在资质许可范围内从事塔式起重机的安装业务。

（2）塔式起重机安装单位除了应具有资质等级标准规定的专业技术人员外，还应有与承担工程相适应的专业作业人员。主要负责人、项目经理、专职安全生产管理人员应持有安全生产考核合格证书。塔式起重机安装工、电工、司机、信号工、司索工等应具有建筑施工特种作业操作资格证书。

（3）塔式起重机基础的设计制作应采用塔式起重机使用说明书介绍的方法。地基的承载能力应由施工（总承包）单位确认。

（4）塔式起重机基础应符合使用说明书要求，地基承载能力必须满足塔式起重机设计要求，安装前应对基础进行隐蔽工程验收，合格后方能安装。基础周围应修筑边坡和排水设施。

（5）行走式塔式起重机的路轨基础及路轨的铺设应按使用说明书要求进行，且应符合《塔式起重机安全规程》（GB 5144—2006）的规定。

（6）被安装的塔式起重机应具有特种设备制造许可证、产品合格证、制造监督检验证明，国外制造的塔式起重机应具有产品合格证，并已在建设行政主管部门备案登记。

(7)塔式起重机安装前,必须经维修,并进行全面的安全检查。结构件有可见裂纹的、严重锈蚀的、整体或局部变形的、连接轴(销)和孔有严重磨损变形的应修复或更换,符合规定后方可进行安装。

(8)塔式起重机的附着装置应采用使用说明书规定的形式,满足附着高度、垂直间距、水平间距、自由端高度等的规定。当附着装置的水平布置距离、形式或垂直距离不符合使用说明书时,应依据使用说明书提供的附着载荷参数设计计算,绘制制作图和编写相关说明,并经原设计单位书面确认或通过专家评审。

(9)进入现场的作业人员必须佩戴安全帽、穿着绝缘防滑鞋、使用安全带等防护用品。无关人员严禁进入作业区域内。

(10)安装拆卸作业中应统一指挥,明确指挥信号。当视线阻隔和距离过远等致使指挥信号传递困难时,应采用对讲机或多级指挥等有效的措施进行指挥。

(11)连接件和其保险防松防脱件必须符合使用说明书的规定,严禁代用。对有预紧力要求的连接螺栓,必须使用扭力扳手或专用工具,按说明书规定的拧紧次序将螺栓准确地紧固到规定的紧固力矩值。

(12)自升式塔式起重机每次加节(爬升)或下降前,应检查顶升系统,确认完好才能使用。附着加节时应确认附着装置的位置和支撑点的强度,并遵循先装附着装置后顶升加节。塔式起重机的自由高度应符合使用说明书的要求。

2.4.2 塔式起重机安装场地要求

(1)选择安装地点,应注意塔式起重机运动部分与其他的建筑物及建筑物外围施工设施之间的最小距离不应小于0.6m。

(2)有架空输电线的场所,塔式起重机的任何部位与输电线的安全距离,应符合表2-1的规定,以避免起重机结构进入输电线的危险区。

塔式起重机与输电线的最小安全距离　　　　表2-1

安全距离(m)	电压(kV)						
	<1	10	35	110	220	330	500
沿垂直方向	1.5	3.0	4.0	5.0	6.0	7.0	8.5
沿水平方向	1.5	2.0	3.5	4.0	6.0	7.0	8.5

如果受条件限制,不能保证表2-1中安全距离,应与有关部门协商,并采取安全防范措施后方可架设。

(3)两台塔式起重机之间的最小架设距离,应保证处于低位的塔式起重机的臂架端部与另一台塔式起重机塔身之间至少有2m的距离,处于高位塔式起重机的最低位置的部件(如吊钩或平衡重)与处于低位塔式起重机最高位置的部件之间的垂直距离不小于2m。

(4)安装场地在放置起重臂全长的窄长范围内应平整,无杂物和障碍物,以便于平衡臂、起重臂等部件在地面组装及吊装。

(5)固定式塔式起重机的地基不能太靠近边坡,基础边缘离建筑物基础开挖边缘的距离宜取2m以上,以防止塔式起重机工作时基础塌方或发生倾斜。在有开挖边缘的地方安装大型起重机,除了按设计要求根据地耐力选择基础大小、尺寸、钢筋布置、混凝土强度等级以外,还要按照规定的程序进行施工养护。在基础未施工前,一定要在靠边缘区打桩,以确保基础下面边缘区的承载能力,防止塌方以及基础受载后整体倾斜。

(6)安装场地不能选在松土上或沉陷不均的地方,其承载能力必须达到塔式起重机使用说明书的要求。如达不到要求,应采取打桩或地基夯实措施,仍然达不到要求就只能另外选择地方。

(7)轨道式安装的碎石基础,如果铺设在地下建筑物(如暗沟、防空洞等)的上面,必须采取加固措施。碎石基础的基面必须按设计要求压实,碎石基础必须平整捣实,轨枕之间应填满碎石。路基两侧或中间应设排水沟,保证路基没有积水。轨道基础应由专业人员设计,非专业人员不可随便承担有关设计任务。

(8)安装场地电源配置应合理、方便、安全,总电源距安装场地不宜过远,尽量减少电路损耗。电源线应满足装机功率要求,不得引起发热或过大的压降。

2.4.3　塔式起重机基础要求

(1)基础应按国家现行标准和使用说明书所规定的要求进行设计和施工。施工单位应根据地质勘察报告确认施工现场的地基承载能力。

(2)当施工现场无法满足塔式起重机使用说明书对基础的要求时,可自行设计基础。

(3)基础应有排水设施,不得积水。

(4)基础中的地脚螺栓等预埋件应符合使用说明书的要求。

(5)桩基或钢格构柱顶部应锚入混凝土承台一定长度;钢格构柱下端应锚入混凝土桩基,且锚固长度能满足钢格构柱抗拔要求。

2.4.4　塔式起重机的安装

(1)安装前应根据专项施工方案,对塔式起重机基础的下列项目进行检查,确认合格后方可实施安装:

①基础的位置、高程、尺寸;

②基础的隐蔽工程验收记录和混凝土强度报告等相关资料;

③安装辅助设备的基础、地基承载力、预埋件等;

④基础的排水措施。

（2）安装作业，应根据专项施工方案要求实施。安装作业人员应分工明确、职责清楚。安装前应对安装作业人员进行安全技术交底。

（3）安装辅助设备就位后，应对其机械和安全性能进行检验，合格后方可作业。

（4）安装所使用的钢丝绳、卡环、吊钩和辅助支架等起重机具均应符合相应的规定，并经检查合格后方可使用。

（5）安装作业中应统一指挥，明确指挥信号。当视线受阻、距离过远时，应采用对讲机或多级指挥。

（6）塔式起重机的独立高度、悬臂高度应符合使用说明书的要求。

（7）雨雪、浓雾天气严禁进行安装作业。安装时塔式起重机最大高度处的风速应符合使用说明书的要求，且风速不得超过12m/s。

（8）塔式起重机不宜在夜间进行安装作业；当需在夜间进行塔式起重机安装和拆卸作业时，应保证提供足够的照明。

（9）当遇特殊情况安装作业不能连续进行时，必须将已安装的部位固定牢靠并达到安全状态，经检查确认无隐患后，方可停止作业。

（10）电气设备应按使用说明书的要求进行安装，安装所用的电源线路应符合行业标准《施工现场临时用电安全技术规范》（JGJ 46—2005）的要求。

（11）塔式起重机的安全装置必须齐全，并应按程序进行调试合格。

（12）连接件及其防松防脱件严禁用其他代用品代用。连接件及其防松防脱件应使用力矩扳手或专用工具紧固连接螺栓。

（13）安装完毕后，应及时清理施工现场的辅助用具和杂物。

（14）安装单位应对安装质量进行自检，并应填写自检报告书。

（15）安装单位自检合格后，应委托有相应资质的检验检测机构进行检测。检验检测机构应出具检测报告书。

（16）安装质量的自检报告书和检测报告书应存入设备档案。

（17）经自检、检测合格后，应由总承包单位组织出租、安装、使用、监理等单位进行验收，并应填写验收表，合格后方可使用。

（18）塔式起重机停用6个月以上的，在复工前，应重新进行验收，合格后方可使用。

2.4.5 塔式起重机顶升加节及附着装置安全要求

（1）自升式塔式起重机的顶升加节应符合下列规定：

①顶升系统必须完好。

②结构件必须完好。

③顶升前,塔式起重机下支座与顶升套架应可靠连接。
④顶升前,应确保顶升横梁搁置正确。
⑤顶升前,应将塔式起重机配平;顶升过程中,应确保塔式起重机的平衡。
⑥顶升加节的顺序,应符合使用说明书的规定。
⑦顶升过程中,不应进行起升、回转、变幅等操作。
⑧顶升结束后,应将标准节与回转下支座可靠连接。
⑨塔式起重机加节后需进行附着的,应按照先装附着装置、后顶升加节的顺序进行,附着装置的位置和支撑点的强度应符合要求。

(2)塔式起重机附着装置(图2-7)的安全要求:

①严格按照厂家使用说明书安装附墙装置,附着拉杆支承处建筑主体结构的强度应满足附着荷载要求,每次安装完毕并验收合格后方可继续使用。

②穿墙螺杆必须两头双螺母上紧,垫片尺寸、螺栓强度符合说明书要求。

③附着拉杆与耳板、框梁之间连接的销轴开口销必须打开。

④附着拉杆与加固位置之间的角度不宜太大或太小,以45°~60°为宜。

⑤安装附着框架和附着支座时,各道附着装置所在平面与水平面的夹角不得超过10°。

图2-7 塔式起重机附着装置

2.4.6 塔式起重机使用维护安全指南

塔式起重机安全使用告示牌示例如图2-8所示。

图2-8 塔式起重机安全使用告示牌示例

塔式起重机的使用维护应注意以下要求：

(1)塔式起重机起重司机、起重信号工、司索工等操作人员应取得特种作业操作证，严禁无证上岗。

(2)塔式起重机使用前，应对起重司机、起重信号工、司索工等作业人员进行安全技术交底。

(3)塔式起重机的力矩限制器、重量限制器、变幅限位器、行走限位器、高度限位器等安全保护装置不得随意调整和拆除，严禁用限位装置代替操作机构。

(4)塔式起重机回转、变幅、行走、起吊动作前应示意警示。起吊时应统一指挥，明确指挥信号；当指挥信号不清楚时，不得起吊。

(5)塔式起重机起吊前，当吊物与地面或其他物件之间存在吸附力或摩擦力而未采取处理措施时，不得起吊。

(6)塔式起重机起吊前，应对安全装置进行检查，确认合格后方可起吊；安全装置失灵时，不得起吊。

(7)塔式起重机起吊前，应对吊具与索具进行检查，确认合格后方可起吊；当吊具与索具不符合相关规定时，不得用于起吊作业。

(8)作业中遇突发故障，应采取措施将吊物降落到安全地点，严禁吊物长时间悬挂在空中。

(9)遇有风速在12m/s及以上的大风或大雨、大雪、大雾等恶劣天气时，应停止作业。雨雪过后，应先经过试吊，确认制动器灵敏可靠后方可进行作业。夜间施工应有足够照明，照明装置的安装应符合现行行业标准《施工现场临时用电安全技术规范》(JGJ 46)的要求。

(10)塔式起重机不得起吊质量超过额定载荷的吊物，且不得起吊质量不明的吊物。

(11)在吊物载荷达到额定载荷的90%时，应先将吊物吊离地面200~500mm后，检查机械状况、制动性能、物件绑扎情况等，确认无误后方可起吊。对有晃动的物件，必须拴拉溜绳使之稳固。

(12)物件起吊时应绑扎牢固，不得在吊物上堆放或悬挂其他物件；零星材料起吊时，必须用吊笼或钢丝绳绑扎牢固。当吊物上站人时不得起吊。

(13)标有绑扎位置或记号的物件，应按标明位置绑扎。钢丝绳与物件的夹角宜为45°~60°，且不得小于30°。吊索与吊物棱角之间应有防护措施；未采取防护措施的，不得起吊。

(14)作业完毕后，应松开回转制动器，各部件应置于非工作状态，控制开关应置于零位，并应切断总电源。

(15)行走式塔式起重机停止作业时,应锁紧夹轨器。

(16)当塔式起重机使用高度超过30m时,应配置障碍灯,起重臂根部铰点高度超过50m时应配备风速仪。

(17)严禁在塔式起重机塔身上附加广告牌或其他标语牌。

(18)每班作业应做好例行维护,并应做好记录。记录的主要内容应包括结构件外观、安全装置、传动机构、连接件、制动器、索具、夹具、吊钩、滑轮、钢丝绳、液位、油位、油压、电源、电压等。

(19)实行多班作业的设备,应执行交接班制度,认真填写交接班记录,接班司机经检查确认无误后,方可开机作业。

(20)塔式起重机应实施各级维护。转场时,应做转场维护,并应有记录。

(21)塔式起重机的主要部件和安全装置等应进行经常性检查,每月不得少于一次,并应有记录;当发现有安全隐患时,应及时进行整改。

(22)当塔式起重机使用周期超过一年时,应进行一次全面检查,合格后方可继续使用。

(23)当使用过程中塔式起重机发生故障时,应及时维修,维修期间应停止作业。

2.5　建筑施工升降设备设施检验标准

2.5.1　总则

(1)为加强建筑施工升降设备设施的检验,根据国家现行有关安全生产的法律法规制定本标准。

(2)本标准适用于建筑施工中使用的附着式升降脚手架、高处作业吊篮、龙门架及井架物料提升机、施工升降机、塔式起重机等升降设备设施的安装、使用检验。

(3)建筑施工中升降设备设施的检验除应符合本标准外,还应符合国家现行标准的规定。

2.5.2　术语

1)升降设备(Hoist Equipment)

升降设备是由具有生产(制造)许可证的专业生产厂家制造的定型化的能够自行升降并能垂直或垂直、水平运送物料的施工机械。

2)升降设施(Hoist Facilities)

升降设施是主要结构构件为工厂制造的钢结构产品,在现场按特定的程序组装后,附着在建筑物上能够沿着建筑物自行升降的施工机具。

2.5.3 基本规定

（1）附着式升降脚手架、高处作业吊篮、龙门架及井架物料提升机、施工升降机、塔式起重机等升降设备设施应办理备案登记。

（2）附着式升降脚手架、高处作业吊篮、龙门架及井架物料提升机、施工升降机、塔式起重机等的安装及使用,应由施工所在地县级以上建设行政主管部门组织检验。

（3）升降设备设施中超过规定使用年限需延长使用时,必须经安全评估合格,否则应予报废。安全评估应符合现行行业标准《建筑起重机械安全评估技术规程》(JGJ/T 189)的规定。

（4）升降设备设施检验中使用的仪器和工具,属于法定计量检定范畴的仪器设备必须经过法定检验部门计量检定合格,并在有效期内。

（5）升降设备设施的检验项目,分为保证项目和一般项目,保证项目必须全部合格。

（6）升降设备设施检验后必须出具检验报告,报告形式应符合相关要求,并应存档。

（7）升降设备设施检验时保证项目应全部合格,当一般项目中不合格项目数,对附着式升降脚手架、高处作业吊篮、龙门架及井架物料提升机不超过3项时,对施工升降机不超过4项时,对塔式起重机不超过5项时,可判定为检验合格;否则,判定为检验不合格。

（8）对判定检验合格的,不合格的一般项目仍应进行整改,并应提供相应整改资料。对判定检验不合格的,应对不合格项目进行整改,整改完成后重新检验。

2.5.4 塔式起重机

1）一般规定

（1）检验时,检验现场应具备以下条件：

①无雨雪、大雾,且风速不大于8.3m/s；

②环境温度为 -15 ~ +40℃；

③电网输入电压正常,额定电压波动范围允许偏差 ±10%；

④被检验设备应装备设计所规定的全部安全装置及附件；

⑤现场清洁,与检验无关的人员及设备、物品应撤离现场,并设置警戒线。

（2）安装单位必须具备相应的起重设备安装工程专业承包资质、安全生产许可证;安装人员必须具有建筑施工相应的执业资格和上岗证。

（3）设备产权单位应提供设备生产厂家特种设备制造(生产)许可证、制造监督检验证明、出厂合格证、备案证明等证件资料。

（4）受检单位应提供审批合格的安装方案(含附着方案)、起重机基础耐力勘察报告、基础验收及其隐蔽工程资料、基础混凝土试压报告、地脚螺栓产品合格证、塔式起重机安装前检查表、安装自检记录、安装合同(安全协议)等资料。

2)检验仪器及工具

(1)塔式起重机的检验,应配备以下检验仪器及工具：

温湿度计、接地电阻测量仪、绝缘电阻仪、经纬仪、水准仪、测力仪、风速仪、游标卡尺、卷尺、塞尺、钢直尺、万用表、钳形电流表、力矩扳手、常用电工工具。

(2)检验仪器及工具的精度应满足下列要求：

①对质量、力、长度、时间、电压、电流的检验装置应在±1%范围内；

②对温度的检验装置应在±2%范围内；

③钢直尺直线度为0.01/300。

3)检验内容

(1)使用环境应符合下列规定：

①塔式起重机运动部分与建筑物及建筑物外围施工设施之间的最小距离不应小于0.6m。

②两台塔式起重机之间的最小架设距离,应保证处于低位的塔式起重机的臂架端部与另一台塔式起重机塔身之间至少有2m的距离;高位塔式起重机处于最低位置的部件与低位塔式起重机处于最高位置的部件之间的垂直距离不小于2m。

③塔顶高度大于30m且高于周围建筑的塔式起重机,应在塔顶和臂架端部安装红色障碍指示灯,该指示灯的电源供电不应受停机的影响。

④塔式起重机自由端的高度不得大于使用说明书的允许高度。

⑤臂架根部铰点高度大于50m应装设风速仪。

⑥有架空输电线的场所,塔式起重机的任何部位与输电线的安全距离,应符合表2-1的规定。

(2)基础的检验项目及要求,应符合下列规定：

①基础周围应有排水设施。

②基础应符合使用说明书要求,不符合使用说明书要求的应有专项设计方案。

(3)结构件的检验项目及要求,应符合下列规定：

①主要结构件应无扭曲、变形、可见裂纹和严重锈蚀,焊缝应无目视可见的焊接缺陷。

②主要结构连接件应安装正确且无缺陷。销轴有可靠轴向止动且正确使用开口销,高强度螺栓连接按要求预紧,有防松措施且螺栓露出螺母端部的长度不应小于10mm。

③平衡重、压重的安装数量、位置应与设计要求相符,且相互间应可靠固定,能保证正常工作时不位移、不脱落。

④塔式起重机安装后,在空载、无风的状态下,塔身轴心线对支承面的侧向垂直度不应大于4‰;附着后,最高附着点以下的垂直度不应大于2‰。

⑤斜梯扶手高度不应低于1m,斜梯的扶手间宽度不应小于600mm,踏板应由具有防滑性的金属材料制作,踏板横向宽度不应小于300mm,梯级间隔不应大于300mm。斜梯及扶手固定可靠。

直立梯边梁之间宽度不应小于300mm,梯级间隔为250～300mm,直立梯与后面结构间的自由空间(踏脚间隙)不应小于160mm,踏杆直径不应小于16mm。高于地面2m以上的直立梯应设置直径为600～800mm的护圈。直立梯和护圈应安装牢靠。

⑥当梯子高度超过10m时,应设置休息小平台,第一个小平台不应超过12.5m高度处,以后每隔10m设置一个。

⑦对于附着式塔式起重机,附着装置与塔身和建筑物的连接必须安全可靠,建筑物上的附着点强度应满足承载要求;连接件不应松动,附着的水平距离和附着间距符合使用说明书要求;当附墙距离超过使用说明书规定时,应有专项施工方案并附计算书。

⑧平台和走道宽度不应小于500mm,在边缘应设置高度不低于100mm的挡板。

(4)吊钩的检验项目及要求,应符合下列规定:

①吊钩应有标记和防脱钩装置,不得使用铸造吊钩。

②吊钩表面不应有裂纹、破口、凹陷、孔穴等缺陷,不得焊补。吊钩危险断面不得有永久变形。

③吊钩挂绳处断面磨损量不应大于原高度10%。

④应有滑轮防跳绳装置,且与滑轮的间隙应小于绳径20%。

⑤心轴固定应完整可靠。

(5)行走系统的检验项目及要求,应符合下列规定:

①应设置可靠有效的大车行走限位装置,停车后与端部挡架距离不小于0.5m。

②在距轨道终端2m处应设置大车行走缓冲装置。

③在距轨道终端1m处应设置端部挡架,其高度不应小于行走轮的半径。

④应设置行走防护挡板。

⑤应设置夹轨器。

⑥钢轨接头位置应支承在道木或路基箱上。

⑦钢轨接头间隙不应大于4mm,钢轨接头处高差不应大于2mm。

⑧轨道顶面纵、横方向上的倾斜度不应大于1/1000。

⑨左右钢轨接头处的错开值应大于1.5m。

⑩应设置轨距拉杆且间距不大于6m。

⑪轨距偏差允许误差不应大于公称值的1/1000,其绝对值不大于6mm。

（6）起升机构钢丝绳的检验项目及要求,应符合下列规定:

①钢丝绳绳端固定应可靠:采用压板固定时应可靠;采用金属压制接头固定时,接头不应有裂纹;采用楔块固定时,楔套不应有裂纹,楔块不应松动;采用绳夹固定时,绳夹安装应正确,绳夹数应满足表2-2的要求。

绳夹连接的安全要求 表2-2

钢丝绳直径(mm)	≤10	10~20	21~26	28~36	36~40
最少绳夹数(个)	3	4	5	6	7
绳夹间距(mm)	80	140	160	220	240

②当吊钩位于最低位置时,卷筒上至少应保留3圈钢丝绳。

③钢丝绳的规格、型号应符合说明书要求,与滑轮和卷筒相匹配,并正确穿绕。钢丝绳应润滑良好,不应与金属结构摩擦。

④钢丝绳不得有扭结、压扁、弯折、断股、笼状畸变、断芯等变形现象。

⑤钢丝绳直径减小量不大于公称直径的7%。

⑥钢丝绳断丝根数不应超过表2-3规定的数值。

钢丝绳断丝根数控制标准 表2-3

外层绳股承载钢丝数 n	钢丝绳结构的典型例子	起重机械中钢丝绳必须报废时与疲劳有关的可见断丝数							
		机构工作级别 M1、M2、M3、M4				机构工作级别 M3~M8			
		交互捻		同向捻		交互捻		同向捻	
		长度范围				长度范围			
		≤6d	≤30d	≤6d	≤30d	≤6d	≤30d	≤6d	≤30d
≤50	6×7	2	4	1	2	4	8	2	4
51≤n≤75	6×19s*	3	6	2	3	6	12	3	6
76~100		4	8	2	4	8	16	4	8
101~120	8×19s* 6×25Fi*	5	10	2	5	10	19	5	10
121~140		6	11	3	6	11	22	6	11
141~160	8×25Fi	6	13	3	6	13	26	6	13
161~180	6×36WS*	7	14	4	7	14	29	7	14
181~200		8	16	4	8	16	32	8	16
201~220	6×41WS*	8	18	4	9	18	38	9	18
221~240	6×37	10	19	5	10	19	38	10	19
241~260		10	21	5	10	21	42	10	21

续上表

外层绳股承载钢丝数 n	钢丝绳结构的典型例子	起重机械中钢丝绳必须报废时与疲劳有关的可见断丝数							
		机构工作级别 M1、M2、M3、M4				机构工作级别 M3~M8			
		交互捻		同向捻		交互捻		同向捻	
		长度范围				长度范围			
		≤6d	≤30d	≤6d	≤30d	≤6d	≤30d	≤6d	≤30d
261~280		11	22	6	11	22	45	11	22
281~300		12	24	6	12	24	48	12	24
>300		0.04n	0.08n	0.02n	0.04n	0.08n	0.16n	0.04n	0.08n

注:1. 填充钢丝不是承载钢丝,因此检验中要予以扣除。多层绳股钢丝绳仅考虑可见的外层,带钢芯的钢丝绳,其绳芯作为内部绳股对待,不予考虑。

2. 统计绳中的可见断丝数时,圆整至整数值。对外层绳股的钢丝直径大于标准直径待定结构的钢丝绳,在表中做降低等级处理,并以 * 号表示。

3. 一根断丝可能有两处可见端。

4. d 为钢丝绳公称直径。

5. 钢丝绳典型结构与国际标准的钢丝绳典型结构是一致的。

6. 参照《钢丝绳》(GB 8918—2006)和《钢丝绳通用技术条件》(GB/T 20118—2017)。

(7)起升机构卷扬机卷筒的检验项目及要求,应符合下列规定:

①卷筒两侧边缘超过最外层钢丝绳的高度不应小于钢丝绳直径的2倍。卷筒上钢丝绳应排列有序,设有钢丝绳防脱装置。

②卷筒壁不应有裂纹或轮缘破损,筒壁磨损量不应大于原壁厚的10%。

③在卷筒上钢丝绳尾部固定装置有防松和自紧功能。

(8)滑轮的检验项目及要求,应符合下列规定:

①滑轮应转动良好,出现下列情况之一时应视为不合格:

a)出现裂纹、轮缘破损等损伤钢丝绳的缺陷;

b)轮槽壁厚磨损达到原壁厚的20%;

c)轮槽底部直径减少量达到钢丝绳直径的25%或槽底出现沟槽。

②应有防止钢丝绳脱槽的装置,该装置与滑轮外缘的间隙应不大于0.2倍钢丝绳直径,且不大于3mm;防脱槽装置可靠有效。

(9)制动器的检验项目及要求,应符合下列规定:

①制动器的零部件不应有裂纹、过度磨损、塑性变形、缺件、缺油等。

②外露的运动零部件应设防护罩。

③制动器调整适宜,制动应平稳可靠。

(10)安全装置的检验项目及要求,应符合下列规定:

①起升高度限位器,起升高度限位器必须保证当吊钩装置的顶部升至小车架下端的最小距离为800mm处时,应能立即停止吊钩起升,但吊钩应能做下降运动。

②起重量限制器灵敏有效。

③力矩限制器应符合下列要求:

a)当起重力矩大于相应工况下额定值并小于额定值的110%时,应切断上升和幅度增大方向的电源,但机构可做下降和减小幅度方向的运动。

b)力矩限制器控制定码变幅的触点和控制定幅变码的触点应分别设置,且能分别调整。

c)对小车变幅的塔式起重机,其最大变幅速度超过40m/min;在小车向外运行,且起重力矩达到额定值的80%时,变幅速度应自动转换为不大于40m/min的速度运行。

(11)回转系统的检验项目及要求,应符合下列规定:

①对回转部分不设集电环的塔式起重机,应安装回转限位器,塔式起重机回转部分在非工作状态下应能自由旋转。

②齿轮应无裂纹、断齿和过度磨损,啮合应均匀平稳。

③回转机构活动件外露部分应设防护罩,回转制动器应为常开式。

(12)变幅系统的检验项目及要求,应符合下列规定:

①钢丝绳的检验应符合本指南的要求。

②卷筒的检验应符合本指南的要求。

③滑轮的检验应符合本指南的要求。

④制动器的检验应符合本指南的要求。

⑤对小车变幅的塔式起重机,应设置双向小车变幅断绳保护装置。

⑥对小车变幅的塔式起重机,应设置检修吊笼且连接可靠。

⑦对小车变幅的塔式起重机,应设置幅度限位器且可靠有效,限位开关动作后应保证小车停车时与其端部缓冲装置最小距离为200mm。

⑧对小车变幅的塔式起重机,应设置小车防坠落装置。

⑨对小车变幅的塔式起重机,应有小车行走前后止挡缓冲装置。

⑩动臂式塔式起重机应设置臂架低位置和臂架高位置的幅度限位开关。

(13)顶升系统的检验项目及要求,应符合下列规定:

①顶升横梁、塔身上的支承座应无变形、裂纹。在顶升时应有防止顶升横梁从塔身支承块中自行脱出的装置。

②液压顶升系统中的平衡阀或液压锁与油缸不允许用软管连接。

③液压表应度量准确。

(14)司机室的检验项目及要求,应符合下列规定:

①司机室结构应牢固,固定应可靠。

②司机室内应有绝缘地板和灭火器，门窗完好并挂有起重特性曲线图（表），应有备案标牌、安全操作规程。

③升降司机室应设置防断绳坠落装置。

④升降司机室应设上下极限限位装置、缓冲装置。

(15)电气系统的检验项目及要求，应符合下列规定：

①额定电压不大于500V时，电气设备和线路的对地绝缘电阻不应小于0.5MΩ。

②塔式起重机应设置专用开关箱。

③电气系统应符合《施工现场临时用电安全技术规范》（JGJ 46—2005）的规定。

④控制系统应与照明系统相互独立，且性能完好。

⑤应设置报警电笛且完好、有效。

⑥总电源开关状态在司机室内应有明显指示。

⑦电气控制柜应设置短路保护、过载保护、零位保护、错相与缺相保护和失压保护；应有良好的防雨性能，且有门锁，门上应有警示标志。

⑧行走式塔式起重机应设电缆卷筒或走线系统。

⑨应设置红色非自动复位型紧急断电开关。该开关应设在司机操作方便的地方。

2.6　建筑起重机械安全评估技术规程

2.6.1　总则

(1)为保障建筑起重机械安全使用，提高建筑起重机械安全评估技术与质量，统一评估方法，制定本规程。

(2)本规程适用于建设工程使用的塔式起重机、施工升降机等建筑起重机械的安全评估。

(3)本规程规定了建筑起重机械安全评估的基本要求。当本规程与国家法律、行政法规的规定相抵触时，应按国家法律、行政法规的规定执行。

(4)建筑起重机械安全评估除应执行本规程外，尚应符合国家现行有关标准的规定。

2.6.2　术语

1)安全评估(Safety Assessment)

对建筑起重机械的设计、制造情况进行了解，对使用维护情况记录进行检查，对钢结构的磨损、锈蚀、裂纹、变形等损伤情况进行检查与测量，并按规定对整机安全性能进行载荷试验，由此分析判别其安全度，做出合格或不合格结论的活动。

2)使用年限(Service Life)

建筑起重机械自合格出厂日起到规定使用周期止的年份数。

3)重要结构件(Principal Structural Member)

建筑起重机械钢结构的主要受力构件,因其失效可导致整机不安全的结构件。

2.6.3 基本规定

(1)超过规定使用年限的塔式起重机和施工升降机应进行安全评估。

(2)塔式起重机和施工升降机有下列情况之一的应进行安全评估：

①塔式起重机:630kN·m 以下(不含 630kN·m)、出厂年限超过 10 年(不含 10 年);630~1250kN·m(不含 1250kN·m)、出厂年限超过 15 年(不含 15 年);1250kN·m 以上(含 1250kN·m)、出厂年限超过 20 年(不含 20 年)。

②施工升降机:出厂年限超过 8 年(不含 8 年)的 SC 型施工升降机;出厂年限超过 5 年(不含 5 年)的 SS 型施工升降机。

③对超过设计规定相应载荷状态允许工作循环次数的建筑起重机械,应做报废处理。

④安全评估机构应具有机械、电气和无损检测等专业技术人员,并应有无损检测、厚度测量等满足评估要求的检测仪器设备。评估用检测仪器及其精度要求应符合相关要求。

⑤塔式起重机和施工升降机的评估应以重要结构件及主要零部件、电气系统、安全装置和防护设施等为主要内容。

⑥塔式起重机和施工升降机的重要结构件宜包括下列主要内容。

a)塔式起重机:塔身、起重臂、平衡臂(转台)、塔帽或塔顶构造、拉杆、回转支承座、附着装置、顶升套架或内爬升架、行走底盘及底座等。

b)施工升降机:导轨架(标准节)、吊笼、天轮架、底架及附着装置等。

⑦建筑起重机械安全评估前,应将各重要结构件之间的连接处进行分解,检测部位应去除污垢、浮锈和油漆层等,显露出钢材和焊缝的本体。

⑧安全评估程序应符合下列要求：

a)设备产权单位应提供设备安全技术档案资料。设备安全技术档案资料应包括特种设备制造许可证、制造监督检验证明、出厂合格证、使用说明书、备案证明、使用履历记录等,并应符合本指南的要求。

b)在设备解体状态下,应对设备外观进行全面目测检查,对重要结构件及可疑部位应进行厚度测量、直线度测量及无损检测等。

c)设备组装调试完成后,应对设备进行载荷试验。

d)根据设备安全技术档案资料情况、检查检测结果等,应依据本规程及有关标准要求,对设备进行安全评估判别,得出安全评估结论及有效期并出具安全评估报告。安全评估报告应符合本指南的规定。

e)应对安全评估后的建筑起重机械进行唯一性标识。

⑨评估结论应分为"合格"和"不合格"。

⑩塔式起重机和施工升降机安全评估的最长有效期限应符合下列规定：

a）塔式起重机：630kN·m以下（不含630kN·m），评估合格最长有效期限为1年；630~1250kN·m（不含1250kN·m），评估合格最长有效期限为2年；1250kN·m以上（含1250kN·m），评估合格最长有效期限为3年。

b）施工升降机：SC型评估合格最长有效期限为2年；SS型评估合格最长有效期限为1年。

⑪设备产权单位应持评估报告到原备案机关办理相应手续。

2.6.4 评估内容和方法

1）基本要求和方法

（1）钢结构安全评估检测点的选择应包括下列部位：

①重要结构件关键受力部位。

②高应力和低疲劳寿命区。

③存在明显应力集中的部位。

④外观有可见裂纹、严重锈蚀、磨损、变形等部位。

⑤钢结构承受交变荷载、高应力区的焊接部位及其热影响区域等。

（2）安全评估应采取下列方法。

①目测：全面检查钢结构的表面锈蚀、磨损、裂纹和变形等，对发现的缺陷或可疑部位做出标记，并应进一步检测评估。

②影像记录：用照相机或摄像机拍摄设备的整机外貌，拍摄重要结构件承受交变荷载或高应力区的焊接部位及其热影响区域，拍摄外观有可见裂纹、严重锈蚀、磨损、变形等部位。

③厚度测量：采用超声波测厚仪、游标卡尺等器具测量结构件的实际厚度。

④直线度等形位偏差测量：用直线规、经纬仪、卷尺等器具进行测量。

⑤载荷试验：整机安装调试完成后，通过载荷试验检验结构的静刚度及主要零部件的承载能力、机构的运转性能、控制系统的操作性能及各安全装置的工作有效性。

（3）当按本指南所列的评估方法不能满足安全评估要求时，安全评估也可采用下列方法。

①当重要结构件外观有明显缺陷或疑问，需要做进一步评估检测情况时，可采用下列无损检测方法。

a）磁粉检测（MT）：检测铁磁性材料近表面存在的裂纹缺陷；

b）超声检测（UT）：采用直射、斜射、液浸等技术，检测结构件内部缺陷；

c）射线照相检测（RT）：利用X或γ射线的穿透性，检测结构件内部缺陷。

②对重要结构件有改制或主要技术参数有变更等情况，可采用应变仪测取结构应

力,分析判别结构的安全度。

2)塔式起重机安全评估

(1)结构件锈蚀与磨损检测应符合下列要求。

①检测应包括下列部位:

a)起重臂主弦杆;

b)塔身节主弦杆;

c)塔帽根部及顶部连接拉杆座;

d)平衡臂(转台)连接处;

e)回转支承座连接处;

f)目测可疑的其他重要部位。

②检测数量应符合下列要求:

a)臂架节抽检数量不得少于总数的70%,且必须包括中间的2节臂架节,每节臂架节主弦杆检测不得少于2处;

b)塔身基础节主弦杆检测不得少于2处,其他塔身节抽检数量不得少于总数的20%,每节检测不得少于1处;

c)塔帽(A字架)主弦杆根部抽检不得少于2处,顶部连接拉杆座不得少于1处;

d)平衡臂(转台)连接处抽检不得少于2处;

e)上下回转支承座连接处抽检各不得少于1处;

f)对其他重要结构件目测可疑部位进行全数检测;

g)当检测发现不合格时,应加倍对同类部位进行抽查,如再次发现不合格,应全数检测。

③检测方法应符合下列要求:

a)在设备解体状态,应去除待检测部位的污垢、浮锈和油漆等;

b)应采用测厚仪、游标卡尺等器具检测实际尺寸。

(2)结构件裂纹检测应符合下列要求。

①检测应包括下列部位:

a)行走底盘及底座的最大受力或变截面应力集中部位;

b)回转平台支承座主要受力焊缝及变截面应力集中部位;

c)起重臂根部焊缝、主弦杆连接焊缝部位;

d)平衡臂(转台)主结构连接焊缝部位;

e)塔身节主弦杆连接焊缝部位;

f)塔帽或塔顶构造主弦杆连接焊缝部位;

g)附着装置主结构连接焊缝部位;

h)顶升套架耙爪座、主弦杆支承横梁等连接焊缝部位等;

ⅰ)目测可疑的其他重要部位。

②检测数量应符合下列要求：

a)检测部位抽检数量各不得少于1处；

b)塔身基础节主弦杆连接焊缝、塔身加强节或特殊节主弦杆部位抽检数量各不得少于2处；

c)其他塔身节抽检数量不少于总数的20%，每节主弦杆连接处检测不得少于1处；

d)当检测发现不合格的，应加倍对同类焊缝进行抽查，如再次发现不合格，应全数检测。

③检测方法应符合下列要求：

a)在设备解体状态，应去除待检测部位的污垢、浮锈和油漆等；

b)可采用渗透或磁粉检测方法，进行探伤检测；

c)发现疑问时，可采用超声检测或射线照相检测等方法进行无损检测。

(3)结构件变形检测应符合下列要求。

①检测应包括下列内容：

a)塔身节主弦杆直线度偏差、对角线偏差、塔身垂直度；

b)起重臂、平衡臂、塔帽、顶升套架主弦杆直线度偏差；

c)目测有明显变形的其他结构件。

②检测数量应符合下列要求：

a)塔身节应全数目测检查，对发现的可疑部位应进行全数检测；对目测未见异常的塔身节，随机抽查不得少于3节，每节直线度测量不得少于2根主弦杆，并应测量每节的对角线偏差。

b)起重臂应全数目测检查，对发现的可疑部位应进行全数检测；对目测未见异常的起重臂，随机抽查不得少于3节，每节直线度测量上下各不得少于1根主弦杆。

c)对目测可疑的其他重要部位，应进行全数检测。

d)当检测发现不合格时，应加倍对同类部位进行抽查，如再次发现不合格，应全数检测。

③检测方法应符合下列要求：

a)在设备解体状态，应采用直线规、卷尺等器具测量直线度偏差，采用卷尺测量塔身节的对角线偏差；

b)设备组装后，应采用经纬仪测量塔身的垂直度偏差。

(4)销轴与轴孔磨损及变形检测应符合下列要求。

①检测应包括下列部位：

a)目测有明显磨损及变形的重要结构件销轴与轴孔；

b)起重臂、平衡臂臂架节间及其根部连接、拉杆连接、塔帽根部连接等经常承受动载荷的销轴与轴孔。

②检测方法：在设备解体状态，采用游标卡尺、内外卡钳等器具测量销轴与轴孔的实际尺寸。

(5)主要零部件、安全装置、电气系统及防护设施的检查检测应符合下列要求。

①检查检测应包括下列内容：

a)主要零部件包括制动器、联轴节、卷筒与滑轮、钢丝绳、吊钩组等；

b)安全装置包括各类安全限位开关与挡板、小车断绳保护装置、动臂变幅防臂架后翻装置、小车防坠落装置、缓冲器、扫轨板、抗风防滑装置、钢丝绳防脱装置等；

c)电气系统包括电气控制箱、电缆线、电气元件等；

d)防护设施包括走道、工作平台、栏杆、扶梯等。

②检测方法应符合下列要求：

a)在设备解体状态，应对主要零部件、安全装置、电气系统及防护设施的外观状态进行目测检查；当目测有疑问时，应采用测量器具进行检验。检查检测各部件的磨损变形情况、钢丝绳断丝情况等。检查配电箱外观，应完整并能防漏水，应设置电气保护并应符合按国家标准《塔式起重机安全规程》(GB 5144—2006)的规定，电缆应无老化、破损。

b)设备部件组装后，应通过载荷试验对整机及其主要零部件、安全装置、电气系统进行功能试验，应采用绝缘测量仪器检测电气系统的绝缘性能，同时应检查防护设施的安全状态。

3)施工升降机安全评估

(1)结构件锈蚀与磨损检测应符合下列要求。

①检测应包括下列部位：

a)导轨架标准节主弦杆；

b)吊笼立柱、顶梁与底梁；

c)齿轮、齿条；

d)目测可疑的其他重要部位。

②检测数量应符合下列要求：

a)抽检标准节数量不得少于总数的10%，每节检测不得少于1处；

b)每只吊笼立柱、顶梁抽检各不得少于1处，底梁抽检各不得少于2处；

c)对齿轮、齿条及其他结构件目测可疑部位进行全数检测；

d)当检测发现不合格时，应加倍对同类部位进行抽查，如再次发现不合格的，应全数检测。

③检测方法：在设备解体状态，去除待检测部位的污垢、浮锈和油漆等，用测厚仪、游标卡尺等器具测量实际尺寸。

(2)结构件裂纹检测应符合下列要求。

①检测部位应包括下列内容：

a)标准节主弦杆与水平长腹杆连接焊缝；

b)吊笼主立柱与顶梁、底梁连接焊缝；

c)目测可疑的其他重要部位。

②检测数量应符合下列要求：

a)标准节抽检数量不得少于总数的10%，每节检测不得少于1处；

b)每个吊笼主立柱、顶梁连接焊缝抽检各不得少于1处，底梁连接焊缝抽检各不得少于2处；

c)目测可疑的其他重要部位进行全数检测；

d)当检测发现不合格时，应加倍对同类部位进行抽查，如再次发现不合格的，应全数检测。

③检测方法应符合下列要求：

a)在设备解体状态，应去除待检测部位的污垢、浮锈和油漆等；

b)可采用渗透或磁粉方法进行探伤检测；

c)当发现疑问时，可采用超声检测或射线照相检测等方法进行无损检测。

(3)结构件变形检测应符合下列要求。

①检测应包括下列部位及相关数值：

a)标准节主弦杆直线度偏差及截面对角线偏差；

b)吊笼结构在笼门方向投影的对角线偏差，吊笼门框平行度偏差；

c)目测可疑的其他重要部位及相关数值。

②检测数量应符合下列要求：

a)标准节应全数目测检查，对发现的可疑部位应进行全数检测；对目测未见异常的标准节，随机抽查不得少于2节，应测量截面对角线偏差及主弦杆直线度偏差。

b)吊笼结构应全面目测检查，对发现的可疑部位应进行检测；对目测未见异常时，选择1台吊笼测量其笼门方向投影的对角线偏差和吊笼门框平行度偏差。

c)目测可疑的其他重要部位应进行全数检测。

d)当检测发现不合格时，应加倍对同类部位进行抽查，如再次发现不合格，应全数检测。

③检测方法应符合下列要求：

a)在设备解体状态，应采用直线规、卷尺等器具测量直线度偏差，采用卷尺测量对角线和平行度偏差；

b)在设备组装后，应采用经纬仪测量导轨架的垂直度偏差。

(4)主要零部件、安全装置、电气系统及防护设施检查检测应符合下列要求：

①检查检测应包括下列部位：
a) 主要零部件，包括制动器、对重导向轮、天轮架滑轮、吊笼门与导向机构等；
b) 安全装置，包括防坠安全器、各类限位开关及其挡板、围栏门机械连锁、安全钩等；
c) 电气系统，包括电气控制箱、电缆线、电气元件等；
d) 防护设施，包括走道、工作平台、栏杆、检修扶梯等。

②检查方法应符合下列要求：

a) 在设备解体状态，应对主要零部件、安全装置、电气系统及防护设施的外观状态进行目测检查；当目测有疑问时，应采用测量器具检验，检查检测有疑问部件的磨损变形情况等。检查配电箱外观，应完整并能防漏水，应设置电气保护并应符合国家标准《施工升降机安全规程》（GB 10055—2007）的规定，电缆应无老化、破损。

b) 在设备部件组装后，应通过载荷试验对整机及其主要零部件、安全装置、电气系统进行功能试验，应采用绝缘测量仪器检测电气系统的绝缘性能，同时应检查防护设施的安全状态。

c) 防坠安全器的寿命年限应符合行业标准《施工升降机齿轮锥鼓形渐进式防坠安全器》（JG 121—2000）的规定，并应按国家标准《货用施工升降机 第1部分：运载装置可进人的升降机》（GB/T 10054.1—2021）、《货用施工升降机 第2部分：运载装置不可进人的倾斜式升降机》（GB 10054.2—2014）和《施工升降机安全规程》（GB 10055—2007）的规定对防坠安全器进行现场坠落试验。

2.6.5 评估判别

1) 壁厚判别

（1）对重要结构件因锈蚀磨损引起壁厚减薄，当减薄量达到原壁厚10%时，应判为不合格；经计算或应力测试，对重要结构件的应力值超过原设计计算应力的15%时，应判为不合格。

（2）结构件特殊部位的锈蚀与磨损检查应相关规定进行判别。

2) 裂纹判别

（1）当采用超声检测方法进行焊缝内部探伤时，焊缝应达到《起重机械无损检测 钢焊缝超声检测》（JB/T 10559—2018）中规定的2级要求。根据焊缝的特征当采用其他合适的无损检测方法进行内部探伤时，应根据相应的检测标准进行合格判别。设计另有规定的应按设计要求进行判定。

（2）重要结构件表面发现裂纹的，该结构件应判为不合格。

（3）施工升降机的齿轮齿根处出现裂纹的，该齿轮应判为不合格；施工升降机的齿条齿根处出现裂纹的，该齿条应判为不合格。

3）变形判别

（1）重要结构件失去整体稳定时，该结构件应判为不合格。

（2）重要结构件主弦杆、斜杆直线度应按相关规定进行判别。

（3）结构件形位偏差应按相关规定进行判别。

4）塔式起重机整机判别

（1）当出现下列情况之一时，塔式起重机应判为不合格：

①重要结构件检测有指标不合格的；

②按本指南有保证项目不合格的。

（2）重要结构件检测指标均合格，并按相关规定保证项目全部合格的，可判定为整机合格。

5）施工升降机整机判别

（1）当出现下列情况之一时，施工升降机应判为不合格：

①重要钢结构检测有指标不合格的；

②按本指南有保证项目不合格的。

（2）重要结构件检测指标均合格，并按本指南保证项目全部合格的，可判定为整机合格。

2.6.6 评估结论与报告

（1）安全评估机构应根据设备安全技术档案资料情况、检查检测结果等，依据本规程及有关标准要求，对设备进行安全评估判别，得出安全评估结论及有效期，并应出具安全评估报告。

（2）安全评估报告应包括设备评估概述、主要技术参数、检查项目及结果、评估结论及情况说明等内容。主要检测部位照片、相关检测数据等资料应作为评估报告的附件。

（3）安全评估报告中情况说明应包括下列内容：

①对评估结论为合格，但存在缺陷的建筑起重机械，应注明整改要求及注意事项；

②对评估结论为不合格的建筑起重机械，应注明不合格的原因。

2.6.7 评估标识

（1）安全评估机构应对评估后的建筑起重机进行"合格""不合格"的标识。

（2）标识必须具有唯一性，并应置于重要结构件的明显部位。设备产权单位应注意对评估标识的保护。

（3）经评估为合格或不合格的建筑起重机械，设备产权单位应在建筑起重机械的标牌和司机室等部位挂牌明示。

第 3 章　施工升降机安全指南

施工升降机(图 3-1)又叫作建筑用施工电梯,也可以称为室外电梯,工地提升吊笼;是建筑中经常使用的载人载货施工机械,主要用于高层建筑的内外装修、桥梁、烟囱等建筑的施工。由于其独特的箱体结构让施工人员乘坐起来既舒适又安全。施工升降机在工地上通常是配合塔式起重机使用。

图 3-1　施工升降机

3.1　施工升降机安全管理要求

根据《特种设备安全法》规定,施工升降机机属于涉及人身和财产安全,危险性较大的特种设备管理范畴。房屋建筑工地、市政工程工地用起重机械和场(厂)内专用机动车辆的安装、使用的监督管理,由有关部门依照本法和其他有关法律的规定实施。

3.1.1　施工升降机安全管理应符合的法律法规、规范

《施工升降机安全使用规程》(GB 34023—2017)、《建筑施工升降机安装、使用、拆卸安全技术规程》(JGJ 215—2010)、《吊笼有垂直导向的人货两用施工升降机》(GB 26557—2011)、《建筑施工升降设备设施检验标准》(JGJ 305—2013)、《建筑机械使用安全技术规程》(JGJ 33—2012)、《危险性较大的分部分项工程安全管理规定》(住房和城乡建设部令第 37 号)。

3.1.2　施工升降机安全管理相关要求

(1)施工升降机应办理备案登记。

(2)施工升降机的安装及使用,应由施工所在地县级以上建设行政主管部门组织检验。

(3)施工升降机超过规定使用年限需延长使用时,必须经安全评估合格,否则应报废。安全评估应符合行业标准《建筑起重机械安全评估技术规程》(JGJ/T 189—2009)的规定。

(4)施工升降机安装单位必须具备相应的起重设备安装工程专业承包资质、安全生产许可证;安装人员必须具有建筑施工相应的执业资格和上岗证。

(5)设备产权单位应提供设备生产厂家特种设备制造(生产)许可证、制造监督检验证明、出厂合格证、备案证明等证件资料。

(6)应有审批合格的安装方案(含附着方案)、基础验收及其隐蔽工程资料、基础混凝土试压报告、地脚螺栓产品合格证、施工升降机安装前检查表、安装自检记录、安装合同(安全协议)等资料。

3.2 施工升降机安全管理员及司机责任要求

3.2.1 安全管理员职责

(1)认真贯彻执行安全生产方针政策和法规,落实企业安全生产各项规章制度,结合项目工程特点,对本项目安全生产负责协查和管理责任。

(2)对施工现场环境安全和一切安全防护设施的完整、齐全、有效是否符合安全要求负监督责任。

(3)对施工现场各类安全防护设施、机械设备进行安全检查验收,监督安全隐患整改落实情况。

(4)向作业人员进行安全技术措施交底,组织实施安全技术措施。

(5)同有关部门组织开展项目各类人员的安全生产宣传教育和培训,提高作业人员的安全意识,避免产生安全隐患。

(6)负责对安全生产进行现场巡视检查,发现事故隐患及时向项目负责人和安全生产管理机构报告,同时还应当采取有效措施。

3.2.2 施工升降机操作人员职责

(1)必须按规定接受相关安全教育。

(2)从事施工升降机操作人员应经质量技术监督部门进行安全培训并考试合格,取得操作证后,方能上岗操作。

(3)在生产操作过程中严格遵守管理规定,操作规程和维护修理制度。

(4)严禁违反安全规程。对于违反规定、规程的行为,操作者有权、有义务及时制止或向有关部门反映。

(5)禁止将施工升降机交给无证人员操作。

(6)建立施工升降机工作日志,实行交接班记录。

(7)时刻注意安全生产,经常检查安全附件的灵敏性和可靠性;施工升降机出现异常,施工升降机操作人员应及时通知主管部门或维修人员。

3.3 施工升降机基本原理

3.3.1 术语和定义

(1)施工升降机:用吊笼载人、载物沿导轨做上下运输的施工机械。

(2)齿轮齿条式施工升降机:采用齿轮齿条传动的施工升降机。

(3)钢丝绳式施工升降机:采用钢丝绳提升的施工升降机。

(4)混合式施工升降机:一个吊笼采用齿轮齿条传动,另一个吊笼采用钢丝绳提升的施工升降机。

(5)货用施工升降机:用于运载货物,禁止运载人员的施工升降机。

(6)人货两用施工升降机:用于运载人员及货物的施工升降机。

(7)额定载重量:工作工况下吊笼允许的最大载荷。

(8)额定安装载重量:安装工况下吊笼允许的最大载荷。

(9)额定乘员数:包括司机在内的吊笼限乘人数。

(10)额定提升速度:吊笼装载额定载重量,在额定功率下稳定上升的设计速度。

(11)最大提升高度:吊笼运行至最高上限位时,吊笼底板与底架平面间的垂直距离。

(12)最大行程:吊笼允许的最大运行距离。

(13)最大独立高度:导轨架在无侧面附着时,能保证施工升降机正常作业的最大架设高度。

(14)工作循环:吊笼按电动机接电持续率,从下限位上升至上限位,制动暂停;而后反向下行至下限位,制动暂停。这个过程称为一个工作循环。

(15)基本工作循环次数:可靠性试验中,规定应完成的总的工作循环次数。

(16)导轨架:用以支撑和引导吊笼、对重等装置运行的金属构架。

(17)底架:用来安装施工升降机导轨架及围栏等构件的机架。

(18)地面防护围栏:地面上包围吊笼的防护围栏。

(19)附墙架:按一定间距连接导轨架与建筑物或其他固定结构,从而支撑导轨架的构件。

(20)标准节:组成导轨架的可以互换的构件。

(21)吊笼:用来运载人员或货物的笼形部件,以及用来运载物料的带有侧护栏的平台或斗状容器的总称。

(22)天轮:导轨架顶部的滑轮总成。

(23)对重:对吊笼起平衡作用的重物。

(24)层站:建筑物或其他固定结构上供吊笼停靠和人货出入的地点。

(25)层门:层站上通往吊笼的可封闭的门。

(26)层站栏杆:层站上通往吊笼出入口的栏杆。

(27)防坠安全器:非电气、气动和手动控制的防止吊笼或对重坠落的机械式安全保护装置。

(28)瞬时式安全器:初始制动力(或力矩)不可调,瞬间即可将吊笼或对重制停的防坠安全器。

(29)渐进式安全器:初始制动力(或力矩)可调,制动过程中制动力(或力矩)逐渐增大的防坠安全器。

(30)匀速式安全器:制动力(或力矩)不足以制停吊笼或对重,但可使它们以较低速度平缓下滑的防坠安全器。

(31)安全器动作速度:能触发防坠安全器开始动作的吊笼或对重的运行速度。

(32)限速器:当吊笼运行速度达到限定值时,激发安全钳动作的装置。

(33)安全钳:由限速器激发,迫使吊笼制停的安全装置。

(34)缓冲器:安装在底架上,用以吸收下降吊笼或对重的动能,起缓冲作用的装置。

(35)安装吊杆:施工升降机上用来装拆标准节等部件的提升装置。

(36)安全钩:防止吊笼倾翻的挡块。

(37)随行电缆:吊笼和固定供电系统之间的连接电缆。

(38)电缆导向架:用以防止随行电缆缠挂并引导其准确进入电缆储筒的装置。

3.3.2 技术要求

3.3.2.1 一般要求

施工升降机应能在环境温度为 -20~40℃条件下正常工作。超出此范围时,按特殊要求,由用户与制造商协商解决。

施工升降机应能在顶部风速不大于20m/s下正常作业,应能在风速不大于13m/s条件下进行架设、接高和拆卸导轨架作业。如有特殊要求时,由用户与制造商协商解决。

施工升降机应能在电源电压值与额定电压值偏差为±5%、供电总功率不小于产品使用说明书规定值的条件下正常作业。

施工升降机的设计计算应符合现行《起重机设计规范》(GB/T 3811)中的有关要求,对于人货两用的整机工作级别为A5~A6;对于货用的整机工作级别为A4~A5。计算中应注意以下几点:

(1)动载荷的影响应计算出总的载荷(与吊笼一起运动的所有部件自重和载荷),并乘以冲击系数$(1+0.264v)$,式中v是额定提升速度(m/s)。

(2)计算时应考虑不小于0.5°的安装垂直度。

(3)安装、拆卸工况的计算,不允许考虑对重的作用。

用于施工升降机的材料应有其制造商的出厂合格证。

施工升降机用钢丝绳应符合现行《重要用途钢丝绳》(GB 8918)的规定,且按现行《起重机 钢丝绳 保养、维护、检验和报废》(GB/T 5972)的规定进行检验和报废。

制造商应对施工升降机主要结构件的腐蚀、磨损极限作出规定,对于标准节立管应明确其腐蚀和磨损程度与导轨架自由端高度、导轨架全高减少量的对应关系。当立管壁厚最大减少量为出厂厚度的25%时,此标准节应予报废或按立管壁厚规格降格使用。

人货两用或额定载质量400kg以上的货用施工升降机,其底架上应设置吊笼和对重用的缓冲器。

施工升降机上的电动机及电气元件(电子元器件部分除外)的对地绝缘电阻不应小于0.5MΩ,电气线路的对地绝缘电阻不应小于1MΩ。

施工升降机金属结构和电气设备金属外壳均应接地,接地电阻不大于4Ω。

施工升降机的基础应能承受最不利工作条件下的全部载荷。

施工升降机应装有超载保护装置,该装置应对吊笼内载荷、吊笼自重载荷、吊笼顶部载荷均有效。

施工升降机应设置层楼联络装置。

施工升降机可靠性试验的工作循环次数为1.0×10^4。可靠性指标为:首次故障前工作时间不小于$0.4t$(t为累计工作时间);平均无故障工作时间不小于$0.5t$;可靠度不小于85%。

当施工升降机具有转场拖运功能时,在拖运过程中拖运轮轴承的温度不应超过120℃,紧固件不应有松动现象。

施工升降机的标志应齐全,其附属设备、备件及专用工具、技术文件均应与制造商的装箱单相符。

外观质量应符合下列要求:

(1)漆层应干透、不粘手、附着力强、富有弹性。

(2)漆层不应有皱皮、脱皮、漏漆、流痕、气泡。

(3)焊缝应饱满、平整,不应有漏焊、裂缝、弧坑、气孔、夹渣、烧穿、咬肉及未焊透等缺陷。

(4)焊渣、灰渣应清除干净。

(5)标准节、传动系统、吊笼立柱和上下承载梁等重要部件的焊缝,焊缝的几何形状与尺寸应符合制造标准的规定。

(6)铸件表面应光洁平整,不应有砂眼、包砂、气孔、冒口,飞边毛刺应铲除磨平;锻件非加工表面毛刺应清除干净。

(7)紧固件应充分紧固并应可靠锁定。

3.3.2.2 齿轮齿条式施工升降机

1)性能要求

施工升降机在工作或非工作状态均应具有承受各种规定载荷而不倾翻的稳定性。施工升降机在最大独立高度时的抗倾翻力矩不应小于该工况最大倾翻力矩的1.5倍。施工升降机在动态试验时,应有超载25%的能力。但施工升降机在正常作业时,不应超载运行。有对重的施工升降机在安装工况下,对应其额定安装载重量应有静态超载25%的能力。

吊笼在额定载重量、额定提升速度状态下,按所选电动机的工作制工作1h。蜗轮蜗杆减速器油液温升不应超过60℃,其他减速器和液压系统的油液温升不应超过45℃。施工升降机的传动系统、液压系统不应出现滴油现象(15min内有油珠滴落为滴油)。施工升降机正常工作时,防坠安全器不应动作。当吊笼超速运行,其速度达到防坠安全器的动作速度时,防坠安全器应立即动作,并可靠地制停吊笼。防坠安全器动作后,其电气联锁安全开关应可靠地切断传动系统的控制电源,该安全开关应以常闭的方式连接。吊笼在某一作业高度停留时,不应出现下滑现象;在空中再次起动上升时,不应出现瞬时下滑的现象。

防坠安全器标定动作速度取值范围应符合表3-1的规定,渐进式防坠安全器的制动距离应符合表3-2的规定。

防坠安全器标定动作速度 表3-1

施工升降机额定提升速度v	防坠安全器标定动作速度v_1
$v \leqslant 0.60$	$v_1 \leqslant 1.00$
$0.60 < v \leqslant 1.33$	$v_1 \leqslant v + 0.40$
$v > 1.33$	$v_1 \leqslant 1.3v$

注:对于额定提升速度低、额定载重量大的施工升降机,其防坠安全器可采用较低的动作速度。

防坠安全器制动距离 表3-2

施工升降机额定提升速度v	防坠安全器制动距离(m)
$v \leqslant 0.65$	0.15~1.40
$0.65 < v \leqslant 1.00$	0.25~1.60
$1.00 < v \leqslant 1.33$	0.35~1.80
$v > 1.33$	0.55~2.00

施工升降机外露并需拆卸的销轴、垫圈、把手、链条等零件,应进行表面防锈处理。

施工升降机传动系统、导轨架、附墙架、对重系统、齿条、安全钩及吊杆底座等的安装连接螺栓的强度等级不应低于8.8级。施工升降机的提升速度误差不应大于8%。人货两用施工升降机悬挂对重的钢丝绳不应少于2根,且相互独立。悬挂对重的钢丝绳为单绳时,安全系数不应小于8;采用双绳时,每绳的安全系数不应小于6;直径不应小于9mm。

安装吊杆提升钢丝绳的安全系数不应小于8,直径不应小于5mm。

施工升降机正常作业状态下的噪声应符合表3-3的规定。

噪声限值[单位:dB(A)] 表3-3

测量部位	单传动	并联双传动	并联三传动	液压调速
吊笼内	≤85	≤86	≤87	≤98
距离传动系1m处	≤88	≤90	≤92	≤110

悬挂对重用滑轮的名义直径与钢丝绳直径之比不应小于30。滑轮应有防止钢丝绳脱槽的措施。

钢丝绳绳头应采用可靠的连接方式,绳接头的强度不低于钢丝绳强度的80%。

2)导轨架

导轨架轴心线对底座水平基准面的安装垂直度偏差应符合表3-4的规定。

安装垂直度偏差 表3-4

导轨架架设高度h(m)	$h≤70$	$70<h≤100$	$100<h≤150$	$150<h≤200$	$h>200$
垂直度偏差(mm)	不大于导轨架架设高度的1/1000	≤70	≤90	≤110	≤130

对重的导轨可以是导轨架的一部分,柔性物件(如钢丝绳、链条)不能用作导轨。各标准节、导轨之间应有保持对正的连接接头。连接接头应牢固、可靠。

标准节应保证互换性。拼接时,相邻标准节的立柱结合面对接应平直,相互错位形成的阶差应限制在:

(1)吊笼导轨不大于0.8mm;

(2)对重导轨不大于0.5mm。

标准节上的齿条连接应牢固,相邻两齿条的对接处,沿齿高方向的阶差不应大于0.3mm,沿长度方向的齿距偏差不应大于0.6mm。当一台施工升降机的标准节有不同的立管壁厚时,标准节应有标志,以防标准节安装不正确。

计算防坠安全器动作下导轨架和齿条的强度时,载荷冲击系数的取值应为:

(1)渐进式安全器为2.5;

(2)瞬时式安全器为5。

3）吊笼

（1）总则。

吊笼应有足够刚性的导向装置以防脱落或卡住。吊笼应具有有效的装置使吊笼在导向装置失效时仍能保持在导轨上。当采用安全钩时，最高一对安全钩应处于最低驱动齿轮之下。应有防止吊笼驶出导轨的措施。上述设施不仅在正常工作时起作用，在安装、拆卸、维护时也应起作用。

吊笼若设司机室，应有良好视野和足够的空间。

（2）吊笼底板。

吊笼底板应能防滑、排水。其强度为：在 $0.1m \times 0.1m$ 区域内能承受静载荷 1.5kN 或额定载重量的 25%（取两者中较大值，但最大取 3kN）而无永久变形。

吊笼的可载人数为额定载质量除以 80kg，舍尾取整。吊笼底板的人均占地面积不应小于 $0.18m^2$；当吊笼仅用于载人的场合时，人均占地面积不应大于 $0.25m^2$。

（3）吊笼顶。

载人吊笼应封顶。封顶吊笼的内净高度不应小于 2m。

吊笼顶上可开一面积不小于 $0.4m \times 0.6m$ 的天窗，作为紧急逃离出口。天窗上应有窗盖。

如果吊笼顶作为安装、拆卸、维修的平台或设有天窗，则顶板应抗滑且周围应设护栏。该护栏的上扶手高度不小于 1.05m，中间高度应设横杆，护脚板高度不小于 100mm。护栏与顶板边缘的距离不应大于 100mm。

如果另一吊笼或对重的运动件距离护栏在 0.3m 以内，则沿该运动件宽度方向应设置 2.0m 高的附加护栏，且每侧应比运动件宽出 100mm。若顶板用作安装、维修或有紧急出口，则在任一 $0.1m \times 0.1m$ 区域内应能承受不小于 1.5kN 的力而无永久变形。若顶板不允许站人，则按任一 $0.1m \times 0.1m$ 的区域可承载 1.0kN 设计。若顶板是网板结构，孔径应小于 25mm。

（4）吊笼立面。

吊笼底板与吊笼顶之间应全高度有立面。网孔立面应符合表3-5的规定。吊笼立面在下述试验中应无永久变形：在任一 $500mm^2$ 的方形或圆形面积上，作用 300N 的法向力；在框架顶端任一点作用 1.0kN 的垂直力。

孔眼或开口尺寸（单位：mm）　　　　　表3-5

与相近运动部件的间距 a	孔眼或开口的尺寸 b
$a \leq 22$	$b \leq 10$
$22 < a \leq 50$	$10 < b \leq 13$
$50 < a \leq 100$	$13 < b \leq 25$

注：若孔眼或开口是长方形，则其宽度不应大于表内所列最大数值，其长度可大于表内最大数值。

(5)吊笼门。

载人吊笼门框的净高度至少为2.0m,净宽度至少为0.6m。门应能完全遮蔽开口,其开启高度不应低于1.8m。网孔门应符合表3-5的规定。载人吊笼采用实板门时,实板门应有视窗。视窗面积不小于25000mm^2,其位置应与人的视线相适应,可看见层站边缘。

吊笼门应装机械锁钩,以保证运行时不会自动打开。水平或垂直滑动的门应有导向装置,其运动应有挡块限位。

吊笼门的强度应符合在任一500mm^2的方形或圆形面积上,作用300N的法向力;在框架顶端任一点作用1.0kN的垂直力应无永久变形的要求,且在试验时门不会脱离导轨,其弹性变形不大于30mm。当吊笼翻板门兼作运货用跳板时,必须具有足够的强度和刚度。吊笼门应设有电气安全开关。当门未完全关闭时,该开关应有效切断控制回路电源,使吊笼停止或无法起动。

(6)紧急逃离。

载人吊笼上至少有一扇门或天窗可供紧急逃离。紧急逃离门应有电气安全开关联锁,当门未锁紧时吊笼应停止、无法起动;在重新锁上后,可恢复施工升降机正常工作。若在吊笼立面上设紧急逃离门,其尺寸应是:宽度不小于0.4m、高度不小于1.4m,且应向吊笼内侧打开或是滑动型的门。吊笼顶上的天窗盖不应向笼内侧打开。抵达天窗的梯子应始终置于吊笼内。

4)防护围栏和底架

施工升降机应设置高度不低于1.8m的地面防护围栏,地面防护围栏应围成一周。围栏登机门的开启高度不应低于1.8m;围栏登机门应具有机械锁紧装置和电气安全开关,使吊笼只有位于底部规定位置时,围栏登机门才能开启,而在该门开启后吊笼不能起动。围栏门的电气安全开关可不装在围栏上。

对重应置于地面围栏之内。为便于维修,围栏可另设入口门,该门只能从里面打开。

基础底架应能承受施工升降机作用在其上的所有载荷,并能有效地将载荷传递到其支承件基础表面,不应通过弹簧或充气轮胎等弹性体来传递载荷。

防护围栏的任一2500mm^2的方形或圆形面积上,应能承受350N的水平力而不产生永久变形。

5)层门

(1)总则。

施工升降机的每一个登机处应设置层门。层门不得向吊笼通道开启,封闭式层门上应设有视窗。水平或垂直滑动的层门应有导向装置,其运动应有挡块限位。

垂直滑动的层门两侧均应有悬挂装置。悬挂绳或悬挂链相对于最小破断强度的安全系数不应小于6,且有将其保持在滑轮或链轮槽中的措施。滑轮的名义直径应不小于钢丝绳直径的15倍。

层门的平衡重应有导向,且有防止其滑出导轨的措施。门与平衡重的重量差不超过5kg,且有保护人的手指不被门压伤的措施。不应利用由吊笼的运动所控制的机械装置来打开或关闭层门。

（2）全高度层门。

层门打开后的净高度不应小于2.0m。在特殊的情况下,当进入建筑物的入口高度小于2.0m时,则允许降低层门框架高度,但净高度不应小于1.8m。装载和卸载时,吊笼门与登机平台边缘的水平距离不应大于50mm。除了门下部间隙不应大于50mm外,各门周围的间隙或门各零件间的间隙应符合相关规定。正常工况下,关闭的吊笼门与层门间的水平距离不应大于200mm。

（3）高度降低的层门。

层门高度不应小于1.1m。层门与正常工作的吊笼运动部件的安全距离不应小于0.85m;如果额定提升速度不大于0.7m/s时,则此安全距离可为0.50m。层门应全宽度挡住开口,与地面的最大间隙为35mm。层门两侧应设置高度不小于1.1m的护栏,护栏的中间高度应设横杆,护脚板高度不小于100mm。吊笼与侧面护栏的间距不应小于100mm。装载和卸载时,吊笼门与登机平台边缘的水平距离不应大于50mm。

（4）层门强度。

对于全高度层门,在其锁住的位置,一个300N的法向力作用在任一面上的任何位置,力作用在5000mm²的方形或圆形面积上,门应：

①能承受且无永久变形；

②弹性变形不大于30mm；

③试验之后工作正常。

对于高度降低的层门,当用1kN的法向力作用到门或侧面护栏顶部的任一点,用300N的法向力作用在顶杆、中间杆、护脚板任一点时,门或侧面护栏应：

①能够承受且无永久变形；

②试验之后工作正常。

（5）层门锁止装置。

层门应装备可以人工打开的自锁装置。只有在吊笼底板距某一登机平台的垂直距离在±0.25m以内时,该平台的层门方可打开。层门锁止装置应安装牢固,紧固件应有防松装置。锁止装置和紧固件在锁紧位置应能承受1kN沿开门方向的力。锁止装置若有拆卸式罩盖,则罩盖的拆除不应干涉任何锁止机构或导线。所有可拆卸式罩盖应由紧固件固定。锁止元件应借助弹簧或重力保持在锁紧的位置。若用弹簧,则应是受压弹簧且有导向,弹簧的失效不应导致不安全。所有锁止元件的嵌入深度不应小于7mm。

6)机械传动系统

(1)总则。

每个吊笼至少应有一套驱动装置。驱动电机应通过不会脱离啮合的直接传动系统与驱动齿轮相连接。吊笼在工作中应始终由动力驱动上升或下降。传动系统和制动系统中所有易疲劳的承载零件、连接件(如轴和齿轮)应进行疲劳应力分析,分析时需考虑应力幅和应力循环次数。

应力循环次数为:

①50%额定载重量时,吊笼运行80000次;

②空载时,吊笼运行80000次。

人货两用施工升降机的工作循环次数宜取 1.6×10^5。

考虑所有裂痕的影响,每根轴相对于疲劳极限的最小安全系数应为2。

(2)保护装置和可接近性。

应设置固定的保护装置,以防止可能引起传动系统零件损坏的物质进入。齿轮、传动带、链轮、飞轮、导轮、联轴器及类似的旋转零件应设置有效的保护,但设计和定位时考虑了安全保护的零件、已设计成易接近并进行检查和维护的零件除外。保护板上网孔及开口尺寸应符合表3-5的规定。

(3)齿轮和齿条传动。

驱动齿轮和防坠安全器齿轮应直接固定在轴上,不能采用摩擦和夹紧的方法连接。防坠安全器齿轮位置应低于最低的驱动齿轮。应采取措施,防止异物进入驱动齿轮或防坠安全器齿轮与齿条的啮合区间。

齿轮计算时:

①接触疲劳强度安全系数应选取大于或等于1.4;

②弯曲疲劳强度安全系数应选取大于或等于2,并考虑制造商的使用手册所确定的最大磨损量。

齿条应满足以下条件:

①应采用与之相啮合的齿轮磨损情况相适应的材料制造,计算时应考虑本指南的要求;

②静强度安全系数应选取大于或等于2,并考虑制造商的使用手册所确定的最大磨损量。

当有多个齿轮与齿条啮合时,应有自动调节措施合理分配每个驱动齿轮上的载荷,或驱动系统本身按符合载荷分配通常工况设计。

齿轮与齿条的模数应满足:

①当背轮或其他啮合控制装置直接作用到齿条上而没有其他中间装置时,不小于4;

②当啮合控制装置间接作用到齿条上时,不小于6。

考虑齿条与齿轮啮合时:

①应采取措施保证在各种工况下齿条和所有驱动齿轮、防坠安全器齿轮的正确啮合。这样的措施不应仅依靠吊笼导轮或滑靴。正确的啮合应是齿条节线和与其平行的齿轮节圆切线重合或距离不超出模数的1/3。上述方法失效时应进一步采取措施,保证齿条节线和与其平行的齿轮节圆切线的距离不超出模数的2/3。

②应采取措施保证齿轮与齿条啮合的计算宽度,通常齿条应全宽度参与啮合。在上述方法失效时应进一步采取措施,保证有90%的计算宽度的啮合。

③接触长度(除曲线式导轨架的施工升降机外),沿齿高不应小于40%;沿齿长不应小于50%;齿面侧隙应为0.2~0.5mm。

(4)悬挂吊笼和对重的钢丝绳。

当悬挂使用两根或两根以上相互独立的钢丝绳时,应设置自动平衡钢丝绳张力的装置。当单根钢丝绳过分拉长或破坏时,电气安全装置应停止吊笼的运行。为防止钢丝绳被腐蚀应采用电镀或涂抹适当的保护化合物。

对以后用于改变吊笼运行高度的多余钢丝绳的储存,应遵循以下要求:

①如果被固定的钢丝绳截面以后是悬挂绳的一部分,则固定用的连接件或装置不应损伤这些固定截面;

②卷筒节径与钢丝绳直径的比值不应小于15;

③在张紧力下储存的多余钢丝绳,应卷绕在带有螺旋槽的卷筒上,螺旋槽式卷筒的槽宽应使相邻的钢丝绳有间隙;

④多层卷绕的钢丝绳可采用无槽卷筒,但钢丝绳不应受张紧力,且其弯曲直径不应小于钢丝绳直径的15倍;

⑤卷筒两端应装有挡板,挡板边缘应大于最上层钢丝绳直径的2倍;

⑥当过多的多余钢丝绳储存在吊笼顶上时,应有限制吊笼超载的措施。

(5)滑轮。

绳槽应为弧形,槽底半径R与钢丝绳半径r关系应为:$1.05r \leqslant R \leqslant 1.075r$,深度不小于1.5倍钢丝绳直径。

具有钢丝绳导向装置的滑轮应防止异物进入。应采取有效的方法防止钢丝绳脱槽。钢丝绳与滑轮轴平面法线的夹角不超过2.5°。

(6)制动系统。

每个吊笼都应配有制动系统,在下列情况下应能自动动作:

①主电源断电;

②电控或液控系统失电或失压。

制动系统中至少要有一个机电式或机卫E式制动器,也允许有其他型式的制动装置(如电-液式)。制动器应是摩擦型的,不应使用带式制动器。制动器应能使装有1.25倍额定载重量、以额定提升速度运行的吊笼停止运行,也能使装有额定载重量而速度达到防坠安全器触发速度的吊笼停止运行。在任何情况下,吊笼的平均减速度都不应超过$1g$。制动作用应由压簧产生。压簧应有足够的支持力,且其应力不应超过材料的扭转弹性极限的80%。

在正常工况下,应用连续的电流供应或液压压力来维持制动器的打开。对于机-电式制动器,切断制动器电流至少应用两个独立的电气装置来实现,不论这些装置与用来切断施工升降机驱动主机电流的电气装置是否为一体;对于机-液式制动器,压力的中断至少应用两个独立的阀来实现,不考虑这些阀与用来中断施工升降机驱动液压系统压力的阀是否为一体。当施工升降机静止时,如果其中一个装置未能切断制动器的电流或压力油的供应,则最迟到下一次运动方向改变时,应防止施工升降机再运行。

只要切断了对制动器的电流或压力油供应,制动器应无附加延迟地动作。制动器应有表面磨损补偿调整装置。制动器的防护等级至少为IP23。每个制动器都应可手动释放,且需由恒力作用来维持释放状态。传动系统中的制动器应是常闭式的,其额定制动力矩对于人货两用的施工升降机不应小于额定力矩的1.75倍;对于货用施工升降机,不应小于额定力矩的1.5倍。当传动系统具有两个以上传动单元时(并联双传动、并联三传动等),每个传动单元均应有各自独立的制动器。

(7)对重。

吊笼不能作为对重。对重两端应有滑靴或滚轮导向,并设有防脱轨保护装置。若对重使用填充物,应采取措施防止其窜动。应有详细的提示以说明所需对重的总质量,而每一个单独填充物也应在其上标明自重。对重应根据有关规定的要求涂成警告色。如果制造商允许使用施工升降机的进出通道在对顶的下方,则对重应装有超速安全装置。

7)液压系统

制动器应保持在制停位置直到泵达到正常工作压力。当驱动齿轮由液压马达驱动时,制动系统既可以由电控打开也可以由液控打开。每个泵或泵组都应装有溢流阀,并应符合下列要求:

(1)在液压回路中溢流阀应直接位于泵之后,其类型和安装应使该阀不会与整个液压系统隔离。

(2)溢流阀的压力应可调,调节到正确压力后,应将其位置封好。

(3)在不大于泵满载压力的140%时,溢流阀就应该打开。

(4)溢流阀的尺寸和油道应足够大,以保证在通过泵的额定流量时不会使溢流阀的开启压力增高 20%。为满足此要求,可同时使用两个或多个溢流阀。

油路应尽可能采用软管以减小噪声,若采用硬管,其屈服强度不应小于 3 倍的满载压力。对于软管及其接头,爆破压力应是满载压力的 4 倍。硬管和软管都应加防护,以防受到破坏,尤其是机械损坏。在油的回路中,应装有符合泵所要求精度的滤清器或类似装置。油缸应有排气装置。这些部件应便于检查与维护。控制回路设计应考虑避免在马达起动作用时造成危险。

在司机易见的地方应设有油压表,显示泵的工作压力和制动回路的压力(当采用液压制动器时)。应设有旁通阀和制动器的手动松闸装置,使吊笼在事故状态时可以通过连续地施加操作实现手动下降。油箱的液位应便于检查。油管排列应整齐,且便于装拆。油管尺寸应符合系统压力和流量的要求。硬管的弯曲半径应大于油管外径的 3 倍。

液压系统工作应平稳,无抖振,并应保证吊笼在工作行程的任意位置上准确而平稳地停止,在空中再起动性能应满足吊笼在某一作业高度停留时,不应出现下滑现象;在空中再次起动上升时,不应出现瞬时下滑的现象的要求。传动系统中液压油固体颗粒污染等级不允许超过 20/16。

8)防坠安全装置

每个吊笼上应装有渐进式防坠安全器(以下简称防坠安全器),不允许采用瞬时式安全器。额定载质量为 200kg 及以下、额定提升速度小于 0.40m/s 的施工升降机允许采用匀速式安全器。防坠安全器只能在有效的标定期限内使用,防坠安全器的有效标定期限不应超过两年。

防坠安全器装机使用时,应按吊笼额定载重量进行坠落试验。以后至少每 3 个月应进行一次额定载重量的坠落试验。对重质量大于吊笼质量的施工升降机应加设对重的防坠安全器。防坠安全器在任何时候都应该起作用,包括安装和拆卸工况。防坠安全器应能使以触发速度运行的、带有 1.3 倍额定载重量的吊笼制停和保持停止状态。在吊笼空载或带有额定载重量时,防坠安全器的平均减速度应在 $0.2\,g_n \sim 1.0\,g_n$ 之间,且减速度峰值不超过 $2.5\,g_n$、持续时间不超过 0.04s。

一旦防坠安全器触发,正常控制下的吊笼运动应由电气安全装置自动中止。防坠安全器复位需要由专门人员实施使施工升降机恢复到正常工作状态。防坠安全器试验时,吊笼不允许载人。应有防止对防坠安全器动作速度采取未经授权的调节的措施(如有效的铅封或漆封等)。防坠安全器不应由电动、液压或气动操作的装置触发。防坠安全器的触发速度应符合表 3-1 的规定。在所有承载条件下(超载除外),在防坠安全器动作后,施工升降机结构和各连接部分应无任何损坏及永久性变形,吊笼底板在各个方向的水平度偏差改变值不应大于 30mm/m,且能恢复原状而无永久变形。

9)超载保护装置

超载检测应在吊笼静止时进行。超载保护装置应在载荷达到额定载重量的90%时给出清晰的报警信号;并在载荷达到额定载重量的110%前中止吊笼起动(对于货用施工升降机可不设报警功能)。在设计和安装超载指示器、检测器时,应考虑到进行超载检测时不拆卸、不影响指示器和检测器的性能。应防止超载保护装置在经受冲击、振动、使用(包括安装、拆卸、维护)及环境影响时损坏。

10)电气部件和安装

(1)总则。

电气部件和安装应符合国家有关电气标准的规定。对于电子元件,应考虑其制造商给出的使用环境温度,当使用环境温度超出规定时,须使用加热或散热装置。

(2)电气故障的防止。

下列发生在施工升降机电气设备中的故障,就其本身来说,不应成为施工升降机产生危险动作的原因:

①没有电;

②地面或金属构件的绝缘问题;

③短路或断路;

④接触器或继电器可动衔铁不吸合。

在电源错相或断相的情况下,施工升降机应无法起动。如果方向控制装置的电源断相,吊笼应停止运动,至少不应达到防坠安全器的动作速度。对变频调速施工升降机,控制回路应采取措施,以避免当驱动电机起发电作用时引起的危险。电气安全装置的回路若对金属构件或对地短路,吊笼应立即停止运动,使施工升降机恢复到正常工作状态。

(3)外界干扰防护。

对电气装置应注意防止外界(如雨、雪、泥浆、灰尘等)造成危害。防护等级至少:

①便携式控制装置应为 IP65;

②控制盒和开关、控制器、电气元件应为 IP53;

③电动机应为 IP44。

(4)电缆。

施工升降机上的所有电缆电线在布线和安装时应注意防止机械损伤,尤其要注意吊笼上悬挂电缆的强度和气候的影响。为防止不正确的插入,插头插座应有防止误插的机械配对设计。

(5)接触器、继电器。

交流或直流电机的主接触器的使用类别不应低于 AC-3 或 DC-3。用作主接触器的继电器,控制交流电磁铁的使用类别不应低于 AC-15;控制直流电磁铁的使用类别不应低于 DC-13。

在采取措施后,主接触器和继电器都应:

①只要有一个"常闭触点"闭合,则所有"常开触点"分离;

②只要有一个"常开触点"闭合,则所有"常闭触点"分离。

(6)电气安全装置。

在正常工作时,任何电气设备都不应与电气安全回路的触点并联。电气安全装置的控制元件在承受连续正常工作时的机械应力后,应始终功能正常。不应用一些简单手段使电气安全装置不工作。对于使用类别为 AC-15 和 DC-13 的接触器,其额定绝缘电压不应小于 250V。

(7)照明。

只要施工升降机在工作,吊笼内都应有照明,在控制装置处的照度不应小于 50lx。

11)控制和限位装置

(1)行程限位开关。

每个吊笼应装有上、下限位开关;人货两用施工升降机的吊笼还应装有极限开关。上、下限位开关可用自动复位型,切断的是控制回路;极限开关不允许用自动复位型,切断的是总电源。

(2)行程限位开关的安装位置。

上限位开关的安装位置应符合以下要求:

①当额定提升速度小于 0.80m/s 时,上限位开关的安装位置应保证吊笼触发该开关后,上部安全距离不小于 1.8m;

②当额定提升速度大于或等于 0.80m/s 时,上限位开关的安装位置应保证吊笼触发该开关后,上部安全距离能满足式(3-1)的计算值:

$$L = 1.8 + 0.1v^2 \qquad (3\text{-}1)$$

式中:L——上部安全距离的数值(m);

v——提升速度的数值(m/s)。

下限位开关的安装位置应保证吊笼以额定载重量下降时,触板触发该开关使吊笼制停,此时触板距离下极限开关还应有一定行程。

上、下极限开关的安装位置应符合以下要求:

①在正常工作状态下,上极限开关的安装位置应保证上极限开关与上限位开关之间的越程距离为 0.15m;

②在正常工作状态下,下极限开关的安装位置应保证吊笼在碰到缓冲器之前下极限开关先动作。

上、下限位开关应能自动地将吊笼从额定速度上停止。不应以触发上、下限位开关来作为吊笼在最高层站和地面站停站的操作。极限开关不应与限位开关共用一个触发元件。行程限位开关均应由吊笼或相关零件的运动直接触发。

(3)钢丝绳松弛装置。

用于对重的钢丝绳应装有防松绳装置(如非自动复位型的防松绳开关),在发生松、断绳时,该装置应中断吊笼的任何运动,直到由专业人员进行调整后,方可恢复使用。

(4)急停开关。

在吊笼的控制装置(含便携式控制装置)上应装有非自动复位型的急停开关,任何时候均可切断控制电路停止吊笼运行。

(5)架设、拆卸和维护操作。

在进行架设、拆卸和维护时,若采用便携式控制装置在吊笼顶上进行控制操作,其他操作装置均不应起作用,但吊笼的安全装置仍起保护作用。在进行架设、拆卸和维护操作的过程中,吊笼最大速度不应大于0.7m/s。

12)故障

(1)报警装置。

为便于吊笼内的乘客寻求外部救助,应在吊笼内明显位置装设易于接近的报警装置。

报警装置可以是响铃或类似装置,也可以是对讲系统。对讲系统应保证在施工升降机断电后1h内维持正常工作。

(2)人工紧急操作。

如果吊笼装有人工紧急下降装置,则应符合下列条件:

①驱动系统的制动器应可用人工方法打开,维持制动器打开所需的力不应大于400N;

②人力移动带额定载重量的吊笼所需的力不应大于400N。这种措施应由专业人员来执行。

3.3.2.3 钢丝绳式施工升降机

1)性能要求

性能应符合相关要求。卷扬机或曳引机在正常工作时,其机外噪声不应大于85dB(A),操作者耳边噪声不应大于88dB(A)。人货两用施工升降机驱动吊笼的钢丝绳不应少于两根,且是相互独立的。钢丝绳的安全系数不应小于12,钢丝绳直径不应小于9mm。货用施工升降机驱动吊笼的钢丝绳允许用一根,其安全系数不应小于8。额定载质量不大于320kg的施工升降机,钢丝绳直径不应小于6mm;额定载质量大于320kg的施工升降机,钢丝绳直径不应小于8mm。防坠安全装置若包含钢丝绳,则钢丝绳的张紧力应是安全装置起作用所需力的2倍且不小于300N。人货两用施工升降机的驱动卷筒节径、滑轮直径与钢丝绳直径之比不应小于30；对于V形或底部切槽的钢丝绳曳引轮，其节径与钢丝绳直径之比不应小于31。

货用施工升降机的驱动卷筒节径、曳引轮节径、滑轮直径与钢丝绳直径之比不应小于20。提升钢丝绳采用多层缠绕时，应有排绳措施。滑轮、曳引轮应有防止钢丝绳脱槽的措施。传动系统各个零部件应装配良好，滑轮应转动灵活并能保证钢丝绳不脱槽，钢丝绳绳端在卷筒上的固定应牢固可靠，钢丝绳卷入卷筒时应排绳整齐。

2）导轨架

导轨架轴心线对底座水平基准面的安装垂直度偏差值不应大于导轨架高度的1.5‰。标准节截面内，两对角线长度的偏差不应大于最大边长的3‰。导轨接点截面相互错位形成的阶差不大于1.5mm。

3）吊笼

货用施工升降机吊笼的底板应防滑、能排水，其强度应满足使用要求。货用施工升降机当其安装高度小于50m时可以不封顶。货用施工升降机当其安装高度小于50m时，吊笼立面的高度不应低于1.5m。

4）防护围栏和底架

货用施工升降机应设置高度不小于1.5m的地面防护围栏，地面防护围栏应围成一周。围栏登机门的开启高度不应小于1.8m；围栏登机门应具有电气安全开关，使吊笼只有在围栏登机门关好后才能起动。对重应全部置于地面围栏之内。

5）层门

各停层处应设置层门或层站栏杆。层门或层站栏杆不应突出到吊笼的升降通道内。层门应保证在关闭时人员不能进出。层门或层站栏杆的开、关可采用手动，但不能受吊笼运动的直接控制。人货两用施工升降机的层门或层站栏杆应与吊笼电气或机械联锁。

6）机械传动系统

（1）曳引驱动。

提升钢丝绳与曳引轮绳槽之间应有足够的摩擦力，当吊笼装载额定载重量时令钢丝绳与曳引轮绳槽之间的单位压力应在允许范围之内。当吊笼或对重停止在被其重量压缩的缓冲器上时，提升钢丝绳不应松弛。当吊笼超载25%并以额定提升速度上、下运行和制动时，钢丝绳在曳引轮绳槽内不应产生滑动。

（2）卷扬驱动。

卷扬驱动只允许用于：①无对重的施工升降机；②货用施工升降机；③吊笼额定提升速度不大于0.63m/s的人货两用施工升降机。

人货两用施工升降机采用卷筒驱动时，钢丝绳只允许绕一层，若使用自动绕绳系统，允许绕两层；货用施工升降机采用卷筒驱动时，允许绕多层。当吊笼停止在最低位置时，留在卷筒上的钢丝绳不应小于3圈。卷筒两端应有挡板,挡板边缘应大于最上层钢丝绳直径的2倍。

人货两用施工升降机的驱动卷筒应开槽,卷筒绳槽应符合下列要求:

①绳槽轮廓应为大于120°的弧形,槽底半径 R 与钢丝绳半径 r 的关系应为:
$$1.05r \leqslant R \leqslant 1.075r$$

②绳槽的深度不小于钢丝绳直径的1/3;

③绳槽的节距应大于或等于1.15倍钢丝绳直径。

钢丝绳出绳偏角 α:有排绳器时 $\alpha \leqslant 4°$;自然排绳时 $\alpha < 2°$。

人货两用施工升降机钢丝绳在驱动卷筒上的绳端应采用模型装置固定,货用施工升降机钢丝绳在驱动卷筒上的绳端可采用压板固定。

(3)悬挂吊笼和对重的钢丝绳。

钢丝绳的末端固定应可靠(不应用手操作钢丝绳绳夹悬挂人货两用施工升降机吊笼),在保留3圈的状态下,应能承受1.25倍的钢丝绳额定拉力。

7)防坠安全装置

人货两用施工升降机每个吊笼应设置兼有防坠、限速双重功能的防坠安全装置。当吊笼超速下行、或其悬挂装置断裂时,该装置应能将吊笼制停并保持静止状态。如果制造商允许使用施工升降机的进出通道在对重的下方,则对重也应设置兼有防坠、限速双重功能的防坠安全装置。当对重超速下行、或其悬挂装置断裂时,该装置应能将对重制停并保持静止状态。

上述防坠安全装置的使用条件为:

(1)对于吊笼,其额定提升速度大于0.63m/s时应采用渐进式防坠安全装置;额定提升速度小于或等于0.63m/s时可采用瞬时式防坠安全装置。

(2)对于对重,其额定提升速度大于1m/s时应采用渐进式防坠安全装置;额定提升速度小于或等于1m/s时可采用瞬时式防坠安全装置,瞬时式防坠安全装置允许借助悬挂装置的断裂或借助一根安全绳来动作。

(3)不应由电气、液压或气动操作的装置来触发防坠安全装置。

(4)吊笼防坠安全装置的标定动作速度可参照表3-1,对重防坠安全装置的动作速度应大于吊笼防坠安全装置的动作速度,但不得超过10%。

(5)装有额定载重量的吊笼自由下落、或对重自由下落的情况下,渐进式防坠安全装置制动时的平均减速度应在 $0.2g_n \sim 1.0g_n$ 之间。

货用施工升降机每个吊笼至少应装有断绳保护装置。当吊笼提升钢丝绳松绳或断绳时,该装置应能制停带有额定载重量的吊笼,且不造成结构严重损坏。对于额定提升速度大于0.85m/s的施工升降机,该装置应是非瞬时式的。

对于仅装有断绳保护装置的货用施工升降机,每个吊笼还应装有停层防坠落装置。在吊笼停层后,人员出入吊笼之前,该装置应动作,使吊笼的下降操作无效;即使此时发生吊笼提升钢丝绳断绳,吊笼也不会坠落。

在载荷均匀分布的情况下,吊笼防坠安全装置动作后吊笼底板在各个方向的水平度偏差改变值不应大于50mm/m。只有将吊笼(或对重)提起,方有可能使吊笼(或对重)的防坠安全装置释放;释放后,防坠安全装置应处于正常操作状态。防坠安全装置释放后,应由专业人员调整,施工升降机方可恢复使用。

8）超载保护装置

超载检测应在吊笼静止时进行,超载保护装置应在载荷达到额定载重量的110%前中止吊笼起动。

3.3.3 试验方法

试验方法分性能试验、结构应力测试和可靠性试验。

3.3.3.1 性能试验

1）试验样机

样机应装备设计所规定的全部装置及附件,其安装高度不小于设计规定的第一次附着高度与导轨架顶部自由端最大高度之和或最大独立高度,吊笼的工作行程不应小于10m,附墙架间距按设计位置设置。

2）试验条件

环境温度为 $-20 \sim +40$℃;现场风速不应大于13m/s。电源电压值偏差为±5%。备齐所需的技术文件。

3）试验仪器及工具

试验仪器的精确度,除有特殊规定外应符合下列偏差范围:质量、力、长度、时间和速度为±1%;电压、电流为±1%;温度为±2%。

试验用的仪器和量具,应具有产品合格证,且在计量部门检定合格的有效期内;试验过程中,应使用同一仪器和工具。

4）试验项目

（1）检查与测量。

检查传动系统电气系统、防坠安全器(或防坠安全装置含限速器、安全钳)、制动器及操作系统。检查导轨架附墙架等金属结构件的完好情况。检查金属结构件的连接件是否牢固、可靠。测量吊笼内净空高度及底板的长宽尺寸。测量附墙架的间距及倾斜角度。测量导轨架自由端的长度。SC型施工升降机应在额定载重量的情况下检验其传动齿轮,防坠安全器齿轮与齿条的啮合精度。

(2)标准节互换性检验。

以一台施工升降机最大提升高度所需的标准节数量为受检总数,随机抽检其中的5节,受检标准节组合不应少于4次,并检查所有连接处。每节能否不用锤击等强制方法顺利装配。SC型施工升降机标准节组合时,检查每根立管接缝处的错位阶差和对重导轨处的错位阶差,并检查各齿条连接处相邻两齿的齿距偏差和齿高方向的阶差。SS型施工升降机标准节组合时,检查导轨接点截面的错位阶差。

(3)安全装置检查。

检查内容:吊笼门及围栏门机械锁钩和电气安全装置,松(断)绳保护,上、下限位和极限限位,急停等电气安全开关的正确性、有效性;机械锁止装置锁止元件的嵌入深度;SS型施工升降机手动或自动安全装置的灵活性,可靠性;各缓冲器的齐全性,安装正确性及功能;超载保护装置的可靠性。

(4)绝缘试验。

在电源接通前,测量主电路及控制电路的绝缘电阻值。测量主体金属结构电气设备金属外壳的接地电阻值。

(5)稳定性试验。

对于无固定基础的施工升降机应进行无附着最大独立高度时的稳定性试验。试验可按下列的任意一种方法进行:

①吊笼位于无附着最大提升高度,笼内装有均布的150%额定载重量,判定施工升降机稳定性;

②吊笼空笼位于无附着最大提升高度,导轨架顶部加一水平力,该力产生的倾覆力矩值应等于吊笼内装150%额定载重量时对施工升降机所产生的倾覆力矩值,以此判定施工升降机稳定性。

(6)安装试验。

安装工况不少于两个标准节的接高试验。有对重的施工升降机在不带对重的安装工况下,以125%的均布额定安装载重量做静态超载试验,吊笼距地1m高,试验10min,观测吊笼有无下滑现象及施工升降机有无其他异常现象。

(7)空载试验。

每个吊笼应分别进行空载试验。应全行程进行不少于3个工作循环的空载试验,每一工作循环的升、降过程中应进行不少于两次的制动,其中在半行程应至少进行一次吊笼上升和下降的制动试验,观察有无制动瞬时滑移现象。

(8)载荷试验。

额定载重量试验。双笼施工升降机应按左、右吊笼分别进行额定载重量试验。吊笼内装额定载重量,载荷重心位置按吊笼宽度方向均向远离导轨架方向偏1/6宽度,长度方向均向附墙架方向偏 1/6 长度的内偏(以下简称"内偏")以及反向偏移 1/6 长度的外偏(以下简称"外偏"),按所选电动机的工作制,内偏和外偏各做全行程连续运行 30min 的试验,每一工作循环的升、降过程应进行不少于一次制动。额定载重量试验后,应测量减速器和液压系统油的温升。

(9)超载试验。

超载试验取 125% 额定载重量。载荷在吊笼内均匀布置,工作行程为全行程,工作循环不应少于 3 个,每一工作循环的升、降过程中应进行不少于一次制动。

(10)安装垂直度的测定。

吊笼空笼降至最低点,从垂直于吊笼长度方向(V 向)与平行于吊笼长度方向(P 向)分别测量导轨架的安装垂直度,重复 3 次取平均值。

(11)噪声的测定。

对于传动系统设置在吊笼上的施工升降机,当传动系统在吊笼内时,测传动系统处的噪声;当传动系统在吊笼顶上时,则分别测吊笼内与传动系统处的噪声。测定吊笼内噪声时,吊笼装载额定载重量,以额定提升速度上升,声级计位于吊笼宽度方向距传动板内壁 1m、长度方向的中点、距吊笼内底板 1.6m 高度位置,声级计(A 计权)的传感器分别指向东、南、西、北四个方向,各测量 3 次,取最大的噪声值。

(12)速度测定。

在额定载重量时测量吊笼额定提升速度。提升距离为全行程,次数不应少于 3 次,计算其平均值。对于 SS 型施工升降机,其提升速度按实测层钢丝绳的平均速度折算为基准层的提升速度。

(13)吊笼坠落试验。

坠落试验时,应在额定载重量和额定安装载重量中选择最不利的工况作为试验条件。坠落试验前,不应解体或更换防坠安全器。

对 SC 型施工升降机进行坠落试验时,通过操作按钮盒驱动吊笼,以额定提升速度上升 3~10m。按坠落试验按钮,电磁制动器松闸,吊笼将呈自由状态下落,直到达到试验速度时防坠安全器动作,测量制动距离。试验结束后应将防坠安全器复位,对于防坠安全器不能制停吊笼的施工升降机,应立即停机检修。在 SC 型施工升降机坠落试验中,当防坠安全器动作时,其电气联锁安全开关也应动作。

对 SS 型施工升降机进行坠落试验时,将吊笼上升约 3m 后停住,做模拟断绳试验(应是突然断绳,不能以松绳代替断绳),试验防坠安全装置的可靠性。

坠落试验后应检查:

①结构及连接有无损坏及永久变形;
②吊笼底板在各个方向的水平度偏差改变值。

3.3.3.2 结构应力测试

1)试验条件

环境温度为 -20～+40℃。现场风速不大于13m/s。电源电压值允差为±5%。载荷的质量允差为±1%。备齐所需的全部技术文件。

2)测试方法

结构的自重应力可以计算数据作为依据。

吊笼处于行程最低点,取吊笼空载状态作为初始状态,应变仪调零,零读数。

结构的载荷动应力测试按规定的工况加载、以额定提升速度运行,吊笼加载后从地面提升至靠近最下一道附墙架时制动,再起动上升至最上一道附墙架附近制动,然后再起动上升至上限位时制动。接着吊笼下降,在最上和最下两道附墙架附近再制动,最后到下限位制动。

每一工况试验应重复3次,取其平均值。超载试验后,若结构出现永久变形或局部损坏,应立即终止试验,进行检查和分析。超载试验时,允许调整制动器,但试验后应重新调整。

3.3.3.3 可靠性试验

可靠性试验的对象应是已完成性能试验和结构应力测试的样机。

1)预备试验

在可靠性试验前,应进行不少于3个工作循环的空载预备试验,并排除非常态故障。空载试验每一工作循环上升和下降均取全行程,上升和下降工作行程中应进行不少于一次的制动。空载试验中施工升降机传动系统、安全装置以及结构部分若有故障,应按有关规定进行维护或排除故障。

2)工作工况试验

试验要求如下:

(1)试验时吊笼内不应有包括司机在内的任何人员。

(2)试验的操作人员应是经过考核合格的司机。试验时司机应严格执行操作规程,操作应平稳。

(3)试验期间的施工升降机应进行例行维护,施工升降机不允许带故障作业。

(4)试验期间的施工升降机每天工作时间不应少于12h。

在完成 1.0×10^4 个工作循环后,应进行5次额定载质量的吊笼坠落试验。

3.3.4 标志、包装、运输与储藏

3.3.4.1 标志

应在产品的明显部位,设置商标和耐腐蚀的金属产品标牌,应标明:①产品名称和

型号;②产品主要性能参数;③产品出厂编号;④产品制造日期;⑤制造商名称和地址。

注意:货用施工升降机必须有不允许载人的明显标志,大型构件应有起吊位置的标志。

3.3.4.2 包装

施工升降机及其零部件的包装应符合相关规定,装箱单应与实物相符,且须有产品编号、箱号、箱内零部件名称与数量、连接件使用部位、发货日期,检验人员签字。零部件应有识别标志,如标牌、标签等。标牌、标签应牢固清晰,包装箱体表面应标有箱体外形尺寸、箱号、毛重、净重、正置位置等标志。

施工升降机产品出厂时应随机提供下列文件和物件:

(1)产品合格证书。

(2)产品使用说明书,说明书中应包含以下内容:①性能和技术参数;②动力参数;③安全装置;④安装和拆卸的详细方法;⑤标准节和附墙架螺栓的直径、性能等级、拧紧力矩;⑥地面混凝土基础和围栏入口的要求;⑦对使用者的能力要求;⑧故障处理;⑨日常检查和维护;⑩易损件及其更换判据等内容。

(3)装箱单。

(4)按订货合同规定的其他附属设备和工具。

(5)随机备件。

3.3.4.3 运输和储存

施工升降机的运输应符合铁路、公路或水路等交通运输部门的有关规定,且保证施工升降机在运输过程中完好。施工升降机储存处应有良好的通风及防雨、防潮措施,底部应垫以支承物,防止浸于水中。电气设备必须储存于室内。当储存时间超过6个月时,应检查产品零部件的完好情况。施工升降机储存时,必须建立详细档案,除随机文件外,储存期的变动情况都应详细记载。

3.4 施工升降机安全规程

3.4.1 施工升降机基础结构安全要求

1)防护围栏

防护围栏应符合下列要求:

(1)施工升降机(图3-2)应设置高度不低于1.8m的地面防护围栏,钢丝绳式货用施工升降机地面防护围栏的高度不应低于1.5m;围栏应符合产品要求,无缺损。

(2)围栏门的开启高度不应低于1.8m;围栏门应装有机械锁紧装置和电气安全开

关,当吊笼位于底部规定位置时,围栏门才能开启,且在该门开启后吊笼不能起动。

2)吊笼

吊笼应符合下列要求:

(1)载人吊笼门框净高应不低于2m,净宽应不小于0.6m,吊笼箱体完好,无破损。

(2)吊笼门应设置机械锁止装置和电气安全开关,只有当门完全关闭后,吊笼才能起动。

(3)如果吊笼顶板作为安装、拆卸、维修的平台,则顶板应抗滑且周围应设护栏,该护栏的上扶手高度不小于1.1m,中间应设横杆,踢脚板高度不小于100mm。护栏与顶板边缘的距离不应大于100mm。

图3-2 施工升降机

(4)货用施工升降机的吊笼也应设置顶棚,侧面围护高度不应小于1.5m。

(5)封闭式吊笼顶部应有紧急出口,并配有专用扶梯,出口应装有向外开启的活板门,门上应设有安全开关,当门打开时,吊笼不能起动。

(6)吊笼内应有备案标牌、安全操作规程;操作开关及其他危险处应有醒目的安全警示标志。

3)架体结构

架体结构应符合下列要求:

(1)对垂直安装的齿轮齿条式施工升降机,导轨架轴心线对底座水平基准面的安装垂直度偏差应符合表3-6的规定。

安装垂直度偏差 表3-6

导轨架架设高度 h (m)	$h \leqslant 70$	$70 < h \leqslant 100$	$100 < h \leqslant 150$	$150 < h \leqslant 200$	$h > 200$
垂直度偏差 (mm)	不大于 $1/1000 \cdot h$	≤70	≤90	≤110	≤130
对钢丝绳式施工升降机,垂直度偏差不大于 $1.5/1000 \cdot h$					

对倾斜式或曲线式导轨架的垂直安装的齿轮齿条式施工升降机,其导轨架正面的垂直度偏差应符合表3-6的规定。

对钢丝绳式施工升降机,导轨架轴心线对底座水平基准面的安装垂直度偏差不应大于导轨架高度的1.5/1000。

(2)主要结构件应无扭曲、变形、裂纹和严重锈蚀,焊缝应无明显可见的焊接缺陷。

(3)结构件各连接螺栓齐全、紧固,使用正确,有防松措施,螺栓露出螺母端部的长度不应小于10mm;销轴连接有可靠轴向止动装置。

(4)附墙装置应按产品说明书要求安装设置,严禁使用自制构件;附着装置的附着点应满足施工升降机的承载要求。当导轨架与建筑物的距离超过使用说明书规定时,应有专项施工方案和计算书。最上一道附着装置以上的导轨架自由端高度不得超过说明书规定。

4)层门层站

层门层站应符合下列要求:

(1)施工升降机各停层应设置层门,层门净高度不应低于1.8m,货用施工升降机层门净高度不低于1.5m,不应突出到吊笼的升降通道上;层门与正常工作的吊笼运动部件的安全距离不应小于0.85m;如果施工升降机额定提升速度不大于0.7m/s时,则此安全距离可为0.5m;层门可采用实体板、冲孔板、焊接或编织网等制作,网孔门的孔眼或开口大小及承载力应符合规定。层门开关应设置在吊笼侧,楼层内工作人员应无法开启。

(2)层门开、关过程应由吊笼内司机操作,不得受吊笼运动的直接控制。

(3)各楼层应设置楼层标志。夜间应有照明。

(4)楼层卸料平台搭设应牢固可靠;距吊笼门框外缘间隙不应大于50mm;楼层卸料平台不应与施工升降机钢结构相连接,应为独立支撑体系。

5)钢丝绳

钢丝绳应符合下列要求:

(1)钢丝绳的使用应符合规定。

(2)钢丝绳规格型号应符合说明书要求。

6)滑轮

滑轮应符合下列要求:

(1)滑轮应转动良好,出现下列情况之一时应视为不合格:

①出现裂纹、轮缘破损等损伤钢丝绳的缺陷;

②轮槽壁厚磨损达原壁厚的20%;

③轮槽底部直径减少量达钢丝绳直径的25%或槽底出现沟槽。

(2)应有防止钢丝绳脱槽的装置,该装置与滑轮外缘的间隙应不大于0.2倍钢丝绳直径,且不大于3mm;防脱槽装置可靠有效。

7)传动系统

传动系统应符合下列要求:

(1)传动系统旋转的零部件应有防护罩等安全防护设施,且其防护设施应便于维修检查。

(2)对SC型施工升降机,其传动齿轮、防坠安全器的齿轮与齿条啮合时接触长度沿齿高不得小于40%,沿齿长不得小于50%。

8)导轮、背轮、安全挡块

导轮、背轮、安全挡块应符合下列要求:

(1)导轮连接及润滑应良好,无明显侧倾偏摆现象。

(2)背轮安装应牢靠,并贴紧齿条背面,无明显侧倾偏摆现象,润滑良好。

(3)应设有可靠有效的安全挡块。

9)对重、缓冲装置

对重、缓冲装置应符合下列要求:

(1)对重应设警示标志,重量符合说明书要求,并有防脱轨保护装置。

(2)对重导向装置应正确可靠,对重轨道平直,接口无错位。

(3)施工升降机其底座上应设置吊笼和对重用缓冲装置。当吊笼停在完全压缩的缓冲装置上时,对重上面的自由行程不得小于0.5m。

10)制动器

制动器应符合下列要求:

(1)传动系统应采用常闭式制动器,制动器动作应灵敏,工作可靠。

(2)当制动器装有手动紧急操作装置时,应能用持续力手动松闸。

(3)当采用两套及以上独立的传动系统时,每套传动系统均应具备各自独立的制动器。

(4)制动器的零部件不应有明显可见的裂纹、过度磨损、塑性变形及缺件等缺陷。

3.4.2 施工升降机安全要求

1)安全装置

安全装置应符合下列规定:

(1)吊笼必须设防坠安全器,有对重的施工升降机,当对重质量大于吊笼质量时,应加设对重的防坠安全器,或吊笼设置双向的限速保护装置(图3-3)。

图3-3 防坠安全器

(2)防坠安全器出厂后动作速度不得随意调整,铅封或漆封应完好无损,防坠安全器的使用应在有效标定期内。

(3)SC 型施工升降机吊笼上沿每根导轨应设置安全钩,不少于两个。安全钩应能防止吊笼脱离导轨架或防坠安全器输出端小齿轮脱离齿条。

(4)升降机必须设置自动复位的上、下限位开关。

(5)升降机必须设置极限开关,吊笼运行超出限位开关时,极限开关须切断总电源,使吊笼停止。极限开关为非自动复位型,其动作后必须手动复位才能使吊笼重新起动。

(6)限位、极限开关的安装位置。

①上限位开关的安装位置:当额定提升速度小于 0.8m/s 时,上部安全距离 L 不得小于 1.8m;当额定提升速度大于或等于 0.8m/s 时,上部安全距离 L 不应小于 $1.8+0.1v^2$(m)。

②下限位开关的安装位置:应保证吊笼在额定载荷下降时触板触发下限位开关使吊笼制停,此时触板距离触发下极限开关还应有一定的行程。

③上限位与上极限开关之间的越程距离不应小于 0.15m。下极限开关在正常工作状态下,吊笼碰到缓冲器之前,触板应首先触发下极限开关。

(7)用于对重的钢丝绳应装有非自动复位型的防松绳装置。

2)电气系统

电气系统应符合下列规定:

(1)施工升降机应有主电路各相绝缘的手动开关,该开关应设在便于操作之处。开关手柄应能单向切断主电路且在"断开"的位置上应能锁住。

(2)施工升降机应设有专门的开关箱。

(3)施工升降机金属结构和电气设备系统的金属外壳均应与专用保护零线 PE 电气连接,重复接地电阻值不超过 10Ω。

(4)施工升降机应设有检修或拆装时在吊笼顶部使用的控制装置,当在多速施工升降机吊笼顶操作时,只允许吊笼以低速运行。控制装置应安装非自动复位的急停开关,任何时候均可切断电路停止吊笼的运行。

(5)在操纵位置上应标明控制元件的用途和动作方向。

(6)在施工升降机安装高度大于 120m,并超过建筑物高度时应装设红色障碍灯,障碍灯电源不得因施工升降机停机而停电。

(7)施工升降机的控制、照明、信号回路的对地绝缘电阻应大于 0.5MΩ,动力电路的对地绝缘电阻应大于 1MΩ。

(8)设备控制柜应设有相序和断相保护器及过载保护器;吊笼上、下运行的接触器应电气联锁。

(9)操作控制台应安装非自行复位的急停开关。

(10)电气设备应装设防止雨、雪、混凝土、砂浆等侵蚀的防护装置。

3.4.3 施工升降机安全用电

(1)电气系统应符合《施工现场临时用电安全技术规范》(JGJ 46—2005)的规定。

(2)塔式起重机应设置专用开关箱。

(3)总电源开关状态在司机室内应有明显指示。

(4)应设置红色非自动复位型紧急断电开关,该开关应设在司机操作方便的地方。

(5)应设置报警电笛且完好、有效。

(6)控制系统应与照明系统相互独立,且性能完好。

(7)电气控制柜应设置短路保护、过载保护、零位保护、错相与缺相保护和失压保护;应有良好的防雨性能,且有门锁,门上应有警示标志。

(8)额定电压不大于500V时,电气设备和线路的对地绝缘电阻不应小于0.5MΩ。

3.5 施工升降机安拆、维护、使用安全规范

3.5.1 施工升降机安拆基本规定

(1)施工升降机安装单位应具备建设行政主管部门颁发的起重设备安装工程专业承包资质和建筑施工企业安全生产许可证。

(2)施工升降机安装、拆卸项目应配备与承担项目相适应的专业安装作业人员以及专业安装技术人员。施工升降机的安装拆卸工、电工、司机等应具有建筑施工特种作业操作资格证书。

(3)施工升降机使用单位应与安装单位签订施工升降机安装、拆卸合同,明确双方的安全生产责任。实行施工总承包的,施工总承包单位应与安装单位签订施工升降机安装、拆卸工程安全协议书。

(4)施工升降机应具有特种设备制造许可证、产品合格证、使用说明书、起重机械制造监督检验证书,并已在产权单位工商注册所在地县级以上建设行政主管部门备案登记。

(5)施工升降机安装作业前,安装单位应编制施工升降机安装、拆卸工程专项施工方案,由安装单位技术负责人批准后,报送施工总承包单位或使用单位、监理单位审核,并告知工程所在地县级以上建设行政主管部门。

(6)施工升降机的类型、型号和数量应能满足施工现场货物尺寸、运载重量、运载频

率和使用高度等方面的要求。

(7)当利用辅助起重设备安装、拆卸施工升降机时,应对辅助设备设置位置、锚固方法和基础承载能力等进行设计和验算。

(8)施工升降机安装、拆卸工程专项施工方案应根据使用说明书的要求、作业场地及周边环境的实际情况、施工升降机使用要求等编制。当安装、拆卸过程中专项施工方案发生变更时,应按程序重新对方案进行审批,未经审批不得继续进行安装、拆卸作业。

3.5.2 施工升降机的安装

1)安装条件

(1)施工升降机地基、基础应满足使用说明书的要求。对基础设置在地下室顶板、楼面或其他下部悬空结构上的施工升降机,应对基础支撑结构进行承载力验算。施工升降机安装前应对基础进行验收,合格后方能安装。

(2)安装作业前,安装单位应根据施工升降机基础验收表、隐蔽工程验收单和混凝土强度报告等相关资料,确认所安装的施工升降机和辅助起重设备的基础、地基承载力、预埋件、基础排水措施等符合施工升降机安装、拆卸工程专项施工方案的要求。

(3)施工升降机安装前应对各部件进行检查。对有可见裂纹的构件应进行修复或更换,对有严重锈蚀、严重磨损、整体或局部变形的构件必须进行更换,符合产品标准的有关规定后方能进行安装。

(4)安装作业前,应对辅助起重设备和其他安装辅助用具的机械性能和安全性能进行检查,合格后方能投入作业。

(5)安装作业前,安装技术人员应根据施工升降机安装、拆卸工程专项施工方案和使用说明书的要求,对安装作业人员进行安全技术交底,并由安装作业人员在交底书上签字。在施工期间内,交底书应留存备查。

(6)有下列情况之一的施工升降机不得安装使用:

①属于国家明令淘汰或禁止使用的;

②超过由安全技术标准或制造厂家规定使用年限的;

③经检验达不到安全技术标准规定的;

④无完整安全技术档案的;

⑤无齐全有效的安全保护装置的。

(7)施工升降机必须安装防坠安全器。防坠安全器应在一年有效标定期内使用。

(8)施工升降机应安装超载保护装置。超载保护装置在载荷达到额定载重量的110%前应能中止吊笼起动,在齿轮齿条式载人施工升降机载荷达到额定载重量的90%时应能给出报警信号。

(9)附墙架附着点处的建筑结构承载力应满足施工升降机使用说明书的要求。

(10)施工升降机的附墙架形式、附着高度、垂直间距、附着点水平距离、附墙架与水平面之间的夹角、导轨架自由端高度和导轨架与主体结构间水平距离等均应符合使用说明书的要求。

(11)当附墙架不能满足施工现场要求时,应对附墙架另行设计。附墙架的设计应满足构件刚度、强度、稳定性等要求,制作应满足设计要求。

(12)在施工升降机使用期限内,非标准构件的设计计算书、图纸、施工升降机安装工程专项施工方案及相关资料应在工地存档。

(13)基础预埋件、连接构件的设计、制作应符合使用说明书的要求。

(14)安装前应做好施工升降机的维护工作。

2)安装作业

(1)安装作业人员应按施工安全技术交底内容进行作业。

(2)安装单位的专业技术人员、专职安全生产管理人员应进行现场监督。

(3)施工升降机的安装作业范围应设置警戒线及明显的警示标志。非作业人员不得进入警戒范围。任何人不得在悬吊物下方行走或停留。

(4)进入现场的安装作业人员应佩戴安全防护用品,高处作业人员应系安全带,穿防滑鞋。作业人员严禁酒后作业。

(5)安装作业中应统一指挥,明确分工。危险部位安装时应采取可靠的防护措施。当指挥信号传递困难时,应使用对讲机等通信工具进行指挥。

(6)当遇大雨、大雪、大雾或风速大于13m/s等恶劣天气时,应停止安装作业。

(7)电气设备安装应按施工升降机使用说明书的规定进行,安装用电应符合现行行业标准《施工现场临时用电安全技术规范》(JGJ 46)的规定。

(8)施工升降机金属结构和电气设备金属外壳均应接地,接地电阻不应大于4Ω。

(9)安装时应确保施工升降机运行通道内无障碍物。

(10)安装作业时必须将按钮盒或操作盒移至吊笼顶部操作。当导轨架或附墙架上有人员作业时,严禁开动施工升降机。

(11)传递工具或器材不得采用投掷的方式。

(12)在吊笼顶部作业前应确保吊笼顶部护栏齐全完好。

(13)吊笼顶上所有的零件和工具应放置平稳,不得超出安全护栏。

(14)安装作业过程中安装作业人员和工具等总载荷不得超过施工升降机的额定安装载重量。

(15)当安装吊杆上有悬挂物时,严禁开动施工升降机。严禁超载使用安装吊杆。

(16)层站应为独立受力体系,不得搭设在施工升降机附墙架的立杆上。

（17）当需安装导轨架加厚标准节时，应确保普通标准节和加厚标准节的安装部位正确，不得用普通标准节替代加厚标准节。

（18）导轨架安装时，应对施工升降机导轨架的垂直度进行测量校准。施工升降机导轨架安装垂直度偏差应符合使用说明书和相关规定。

（19）接高导轨架标准节时，应按使用说明书的规定进行附墙连接。

（20）每次加节完毕后，应对施工升降机导轨架的垂直度进行校正，且应按规定及时重新设置行程限位和极限限位，经验收合格后方能运行。

（21）连接件和连接件之间的防松防脱件应符合使用说明书的规定，不得用其他物件代替。对有预紧力要求的连接螺栓，应使用扭力扳手或专用工具，按规定的拧紧次序将螺栓准确地紧固到规定的扭矩值。安装标准节连接螺栓时，宜螺杆在下，螺母在上。

（22）施工升降机最外侧边缘与外面架空输电线路的边线之间，应保持安全操作距离。

（23）当发现故障或危及安全的情况时，应立刻停止安装作业，采取必要的安全防护措施，应设置警示标志并报告技术负责人。在故障或危险情况未排除之前，不得继续安装作业。

（24）当遇意外情况不能继续安装作业时，应使已安装的部件达到稳定状态并固定牢靠，经确认合格后方能停止作业。作业人员下班离岗时，应采取必要的防护措施，并应设置明显的警示标志。

（25）安装完毕后应拆除为施工升降机安装作业而设置的所有临时设施，清理施工场地上作业时所用的索具、工具、辅助用具、各种零配件和杂物等。

（26）钢丝绳式施工升降机的安装还应符合下列规定：

①卷扬机应安装在平整、坚实的地点，且应符合使用说明书的要求。

②卷扬机、曳引机应按使用说明书的要求固定牢靠。

③应按规定配备防坠安全装置。

④卷扬机卷筒、滑轮、曳引轮等应有防脱绳装置。

⑤每天使用前应检查卷扬机制动器，动作应正常。

⑥卷扬机卷筒与导向滑轮中心线应垂直对正，钢丝绳出绳偏角大于2°时应设置排绳器。

⑦卷扬机的传动部位应安装牢固的防护罩；卷扬机卷筒旋转方向应与操作开关上指示方向一致。卷扬机钢丝绳在地面上运行区域内应有相应的安全保护措施。

3）安装自检和验收

（1）施工升降机安装完毕且经调试后，安装单位应对安装质量进行自检，并应向使用单位进行安全使用说明。

(2)安装单位自检合格后,应经有相应资质的检验检测机构监督检验。

(3)检验合格后,使用单位应组织租赁单位、安装单位和监理单位等进行验收。实行施工总承包的,应由施工总承包单位组织验收。

(4)严禁使用未经验收或验收不合格的施工升降机。

(5)使用单位应自施工升降机安装验收合格之日起30日内,将施工升降机安装验收资料、施工升降机安全管理制度、特种作业人员名单等,向工程所在地县级以上建设行政主管部门办理使用登记备案。

(6)安装自检表、检测报告和验收记录等应纳入设备档案。

3.5.3 塔式起重机使用维护安全指南

1)使用前准备工作

(1)施工升降机司机应持有建筑施工特种作业操作资格证书,不得无证操作。

(2)使用单位应对施工升降机司机进行书面安全技术交底,交底资料应留存备查。

(3)使用单位应按使用说明书的要求对需润滑部件进行全面润滑。

2)操作使用

(1)不得使用有故障的施工升降机。

(2)严禁施工升降机使用超过有效标定期的防坠安全器。

(3)施工升降机额定载重量、额定乘员数标牌(图3-4)应置于吊笼醒目位置。严禁在超过额定载重量或额定乘员数的情况下使用施工升降机。

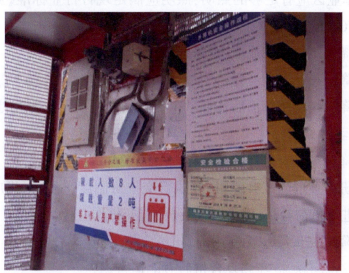

图3-4 施工升降机标牌

(4)当电源电压值与施工升降机额定电压值的偏差超过±5%,或供电总功率小于施工升降机的规定值时,不得使用施工升降机。

（5）应在施工升降机作业范围内设置明显的安全警示标志，应在集中作业区做好安全防护。

（6）当建筑物超过2层时，施工升降机地面通道上方应搭设防护棚。当建筑物高度超过24m时，应设置双层防护棚。

（7）使用单位应根据不同的施工阶段、周围环境、季节和气候，对施工升降机采取相应的安全防护措施。

（8）使用单位应在现场设置相应的设备管理机构或配备专职的设备管理人员，并指定专职设备管理人员、专职安全生产管理人员进行监督检查。

（9）当遇大雨、大雪、大雾、施工升降机顶部风速大于20m/s或导轨架、电缆表面结有冰层时，不得使用施工升降机。

（10）严禁用行程限位开关作为停止运行的控制开关。

（11）使用期间，使用单位应按使用说明书的要求对施工升降机定期进行维护。

（12）在施工升降机基础周边水平距离5m以内，不得开挖井沟，不得堆放易燃易爆物品及其他杂物。

（13）施工升降机运行通道内不得有障碍物。不得利用施工升降机的导轨架、横竖支撑、层站等牵拉或悬挂脚手架、施工管道、绳缆标语、旗帜等。

（14）施工升降机安装在建筑物内部井道中时，应在运行通道四周搭设封闭屏障。

（15）安装在阴暗处或夜班作业的施工升降机，应在全行程装设明亮的楼层编号标志灯。夜间施工时作业区应有足够的照明，照明应满足现行行业标准《施工现场临时用电安全技术规范》（JGJ 46）的要求。

（16）施工升降机不得使用脱皮、裸露的电线、电缆。

（17）施工升降机吊笼底板应保持干燥整洁。各层站通道区域不得有物品长期堆放。

（18）施工升降机司机严禁酒后作业。工作时间内司机不应与其他人员闲谈，不应有妨碍施工升降机运行的行为。

（19）施工升降机司机应遵守安全操作规程和安全管理制度。

（20）实行多班作业的施工升降机，应执行交接班制度，交班司机应填写交接班记录表。接班司机应进行班前检查，确认无误后，方能开机作业。

（21）施工升降机每天第一次使用前，司机应将吊笼升离地面1~2m，停车试验制动器的可靠性。当发现问题，应经修复合格后方能运行。

（22）施工升降机每3个月应进行1次1.25倍额定载重量的超载试验，确保制动器性能安全可靠。

（23）工作时间内司机不得擅自离开施工升降机。当有特殊情况需离开时，应将施工升降机停到最底层,关闭电源并锁好吊笼门。

(24)操作手动开关的施工升降机时,不得利用机电连锁开动或停止施工升降机。

(25)层门门栓宜设置在靠施工升降机一侧,且层门应处于常闭状态。未经施工升降机司机许可,不得启闭层门。

(26)施工升降机专用开关箱应设置在导轨架附近便于操作的位置,配电容量应满足施工升降机直接起动的要求。

(27)施工升降机使用过程中,运载物料的尺寸不应超过吊笼的界限。

(28)散状物料运载时应装入容器、进行捆绑或使用织物袋包装,堆放时应使载荷分布均匀。

(29)运载溶化沥青、强酸、强碱、溶液、易燃物品或其他特殊物料时,应由相关技术部门做好风险评估和采取安全措施,且应向施工升降机司机、相关作业人员书面交底后方能载运。

(30)当使用搬运机械向施工升降机吊笼内搬运物料时,搬运机械不得碰撞施工升降机。卸料时,物料放置速度应缓慢。

(31)当运料小车进入吊笼时,车轮处的集中载荷不应大于吊笼底板和层站底板的允许承载力。

(32)吊笼上的各类安全装置应保持完好有效。经过大雨、大雪、台风等恶劣天气后应对各安全装置进行全面检查,确认安全有效后方能使用。

(33)当在施工升降机运行中发现异常情况时,应立即停机,直到排除故障后方能继续运行。

(34)当在施工升降机运行中由于断电或其他原因中途停止操作手动开关的施工升降机时,不得利用机电联锁开动时,可进行手动下降。吊笼手动下降速度不得超过额定运行速度。

(35)作业结束后应将施工升降机返回最底层停放,将各控制开关拨到零位,切断电源,锁好开关箱、吊笼门和地面防护围栏门。

(36)钢丝绳式施工升降机的使用还应符合下列规定:

①钢丝绳应符合国家推荐标准《起重机 钢丝绳 保养、维护、检验和报废》(GB/T 5972—2016)的规定;

②施工升降机吊笼运行时钢丝绳不得与遮掩物或其他物件发生碰触或摩擦;

③当吊笼位于地面时,最后缠绕在卷扬机卷筒上的钢丝绳不应少于3圈,且卷扬机卷筒上钢丝绳应无乱绳现象;

④卷扬机工作时,卷扬机上部不得放置任何物件;

⑤不得在卷扬机、曳引机运转时进行清理或加油。

3）检查、维护和修理

（1）在每天开工前和每次换班前，施工升降机司机应按使用说明书及本指南的要求对施工升降机进行检查。对检查结果应进行记录，发现问题应向使用单位报告。

（2）在使用期间，使用单位应每月组织专业技术人员对施工升降机进行检查，并对检查结果进行记录。

（3）当遇到可能影响施工升降机安全技术性能的自然灾害、发生设备事故或停工6个月以上时，应对施工升降机重新组织检查验收。

（4）应按使用说明书的规定对施工升降机进行维护、修理。维护、修理的时间间隔应根据使用频率、操作环境和施工升降机状况等因素确定。使用单位应在施工升降机使用期间安排足够的设备维护、修理时间。

（5）对维护和修理后的施工升降机，经检测确认各部件状态良好后，宜对施工升降机进行额定载重量试验。双吊笼施工升降机应对左右吊笼分别进行额定载重量试验。试验范围应包括施工升降机正常运行的所有方面。

（6）施工升降机使用期间，每3个月应进行不少于一次的额定载重量坠落试验。坠落试验的方法、时间间隔及评定标准应符合使用说明书和现行国家标准的有关要求。

（7）对施工升降机进行检修时应切断电源，并应设置醒目的警示标志。当需通电检修时，应做好防护措施。

（8）不得使用未排除安全隐患的施工升降机。

（9）严禁在施工升降机运行中进行维护、修理作业。

（10）施工升降机维护过程中，对磨损、破坏程度超过规定的部件，应及时进行维修或更换，并由专业技术人员检查验收。

（11）应将各种与施工升降机检查、维护和修理相关的记录纳入安全技术档案，并在施工升降机使用期间内在工地存档。

3.5.4 施工升降机的拆卸

（1）拆卸前应对施工升降机的关键部件进行检查，当发现问题时，应在问题解决后方能进行拆卸作业。

（2）施工升降机拆卸作业应符合拆卸工程专项施工方案的要求。

（3）应有足够的工作面作为拆卸场地，应在拆卸场地周围设置警戒线和醒目的安全警示标志，并应派专人监护。拆卸施工升降机时，不得在拆卸作业区域内进行与拆卸无关的其他作业。

（4）夜间不得进行施工升降机的拆卸作业。

（5）拆卸附墙架时施工升降机导轨架的自由端高度应始终满足使用说明书的要求。

（6）应确保与基础相连的导轨架在最后一个附墙架拆除后，仍能保持各方向的稳定性。

（7）施工升降机拆卸应连续作业。当拆卸作业不能连续完成时，应根据拆卸状态采取相应的安全措施。

（8）吊笼未拆除之前，非拆卸作业人员不得在地面防护围栏内、施工升降机运行通道内、导轨架内以及附墙架上等区域活动。

第4章 架桥机及配套设备安全指南

4.1 架桥机及配套设备安全管理要求

架桥机及其配套设备应按照《架桥机安全规程》(GB 26469—2011)、《架桥机通用技术条件》(GB/T 26470—2011)、《特种设备使用管理规则》(TSG 08—2017)(图4-1)进行管理、使用、维护、修理。

图4-1 相关国家标准

4.2 架桥机通用技术要求

4.2.1 定义

1)架桥机

支承在桥梁结构上、可沿纵向自行变换支承位置、用于将预制桥梁梁体(包括整孔梁体、整跨梁片、节段梁体、非整跨梁片)安装在桥墩(台)指定位置的一种专用起重机。

2)节段拼装架设

将桥梁的梁体在一跨间沿桥向划分为若干节段进行预制,通过架桥机将预制节段架设后进行组拼,并对组拼的节段施加预应力,使之成为整体结构的一种方法。

3)整跨架设

桥梁梁体长度与桥梁跨径相吻合,由一榀或多片梁体架设到位后构成桥跨结构。

4)架设跨度

架桥机架设桥梁两桥墩中心线间的距离称为架设跨度。

5)支承跨度

架桥机架梁状态下,架桥机位于架设孔位上沿桥向两支承结构中心线间的距离称为架桥机的支承跨度。

6)过孔作业

架桥机沿桥向自行从桥墩(台)移到下一桥墩(台)的作业过程。

7)主梁

置于支承结构上,沿桥向的主要承载金属结构。

8)导梁

用于承载架桥机主体过孔或承载待架桥梁及其驮运设备的结构。

9)起升高度

架梁状态下,架桥机吊具在最高位置时与在最低位置时吊具下表面之间的距离。

10)额定起重量、额定承载量

对于整跨架设的架桥机,通常将架桥机两个小车抬吊的最大质量称为架桥机的额定起重量;对于节段拼装架桥机,通常将架桥机单个小车的额定起重量作为架桥机的额定起重量。架桥机在最大架设跨度时允许承受的梁体的最大质量称为架桥机的额定承载量。

4.2.2 架桥机形式

(1)架桥机按施工方法分类:

①整跨架设式架桥机;

②节段拼装架设式架桥机。

(2)架桥机按过孔方式分类:

①导梁式过孔,可分为导梁式架桥机和吊运器一体式架桥机。

导梁式架桥机:架桥机借助导梁完成过孔作业。

吊运架一体式架桥机:架桥机由吊运梁机和独立导梁机两部分组成,能独立完成吊梁、运梁、架梁和过孔作业,且过孔作业是借助独立导梁完成。

②步履式架桥机:架桥机设置多组支腿,依靠支腿的换位和主梁相对于支腿的运动,实现过孔作业。

③走行式架桥机:架桥机依靠支腿在桥面上走行,实现过孔作业。

④铁路车辆式架桥机:架桥机设有专用铁路车体,在铺设的铁路轨道上走行过孔。

4.2.3 架桥机的技术要求

1)环境条件

架桥机的电源为三相交流,额定频率为50Hz或60Hz,额定电压为380~460V。在正常工作条件下,供电系统在架桥机馈电线接入处的电压波动不应超过额定值的±10%。

采用发电机组供电时,发电机组在架桥机使用环境条件下其常用功率应满足架桥机工作需要,电压波动不应超过额定值的±5%。

架桥机安装使用地点的海拔高度不应超过1000m[超过1000m时应按现行《旋转电机 定额和性能》(GB/T 755)的规定对电动机容量进行校核,超过2000m时应对电器件进行容量校核]。

架桥机正常使用的环境温度应在-20~+40℃的范围以内,24h内的平均温度不应超过+35℃。

当架桥机周围环境温度在+40℃时,其相对湿度不应超过50%。较低温度下相对湿度可以提高。

抗风能力:工作状态中过孔状态应不低于5级风,架梁状态应不低于6级风;非工作状态应不低于11级风。

适应的最大坡度:公路纵坡不宜超过6%,公路横坡不宜超过5%,铁路纵坡、横坡均不宜超过2%。

2)使用性能

与架桥机有关的参数应符合《架桥机通用技术条件》(GB/T 26470—2011)中4.2和用户在订货合同中提出的要求。

架桥机起重能力应达到额定起重量,承载能力应能达到额定承载量。

架桥机吊梁小车吊点位置及结构形式应满足梁体设计要求,且吊具(杆)极限位置偏差不应大于100mm。

架桥机架梁时应具备带载纵向、横向调节功能,纵向、横向调节量应与架桥机架设桥梁跨度和所适应曲线半径相匹配。

架梁过程中,架桥机的内净空应满足所架设梁体构造尺寸的要求,应具有足够的安全距离,安全距离不宜小于100mm。

架桥机可以通过利用已架桥梁或墩(台)锚固以提高整机稳定性。架桥机过孔和架梁时整机抗倾覆稳定性应满足《起重机设计规范》(GB/T 3811—2008)中8.1.4的要求。

架桥机各机构工作速度的允许偏差为额定值的±10%。

架桥机在各种正常使用工况下,各机构的启动、制动应平稳可靠。

架桥机在设计规定的纵坡、横坡或同时具有纵横坡的坡道上作业应制动可靠。

架桥机的伸缩支腿应有可靠的机械锁定。

架桥机进行静载试验时,应能承受1.25倍额定起重量的试验载荷,试验后进行目测检查,各受力金属结构件应无裂纹、无永久变形、无油漆剥落或对起重机的性能与安全有影响的损坏,各连接处也应无松动或损坏。

架桥机进行动载试验时,应能承受1.1倍额定起重量的试验载荷和1.1倍的额定承载量,试验过程中应工作正常,制动器等安全装置动作灵敏可靠,试验后进行目测检查。各受力金属结构件不应有损坏,连接处也不应出现损坏或松动。

架桥机采用的制动器应是常闭式的,制动轮(盘)应装在与传动机构刚性连接的轴上。起升机构的每一套独立的驱动装置至少应装设一个支持制动器和安全制动器。

起升机构每套驱动装置装有一个支持制动器时,制动器安全系数不应低于1.75。

起升机构每套驱动装置装有两个支持制动器时,每一个制动器的安全系数不应低于1.5;对于两套彼此有刚性联系的驱动装置,每套装置装有两个支持制动器时,每一个制动器的安全系数不应低于1.25;对于采用行星减速器传动,每套驱动装置装有两个支持制动器时,每一个制动器的安全系数不应低于1.75;具有液压制动作用的液压传动起升机构不应低于1.25。

架桥机起吊梁体在下降制动时的制动距离(起升机构以稳定工作速度运行,从制动器断电至梁体停止时的下滑距离)不应大于1min内稳定起升距离的1/65。

钢丝绳安全系数应符合:当起升机构工作级别为M1~M3时,安全系数为4;起升机构工作级别为M4时,安全系数为4.5。

架桥机的静态刚性应符合以下要求:

(1)垂直静挠度 f 与支承跨度 S 的关系,推荐值见表4-1规定。

垂直静挠度 f 与支承跨度 S 的关系　　　　　　表4-1

架桥机主梁跨度 S	$f \leqslant \dfrac{1}{400}S$
架桥机导梁支承跨度 S'	$f \leqslant \dfrac{1}{600}S'$

注:对于铁路车辆式架桥机、隧道内架梁的架桥机及定点起吊的架桥机主梁静态刚性可不大于 $S/300$。

(2)对于非导梁过孔式架桥机,设计时应控制过孔时架桥机悬臂端挠度,使架桥机能在设计规定的支承跨度和纵向坡度条件下顺利过孔。对于起重小车在主梁悬臂作业时,悬臂端的挠度不应大于 $L/350$(L 为悬臂端有效长度)。

采用两台吊梁小车的架桥机,吊梁小车的升降和运行既可以单动,也可以联动,速度的相对误差不应超过2%;采用拖拉喂梁方式的架桥机,前吊梁小车运行速度与运梁台车走行速度相差不应超过2%。

架桥机的起升高度不应小于名义值的97%。

4.2.4　金属结构

1)基本要求

架桥机主梁、支腿、小车架和导梁等主要结构件材料应符合《起重机设计规范》

(GB/T 3811—2008)中 5.3.1.1 的规定,且不允许采用 B 级以下钢材。

主要结构件在涂装前应进行表面喷(抛)丸处理,且应达到现行《涂覆涂料前钢材表面处理　表面清洁度的目视评定》(GB/T 8923)中规定的 Sa2 级或 St3 级,其他构件应达到 Sa2 级或 St2 级。

焊接构件用焊条、焊丝、焊剂应与被焊接的材料相适应。

金属结构件的设计应便于检查、维修和排水。

2) 焊接

焊接坡口的形式和尺寸应符合现行《气焊、焊条电弧焊、气体保护焊和高能束焊的推荐坡口》(GB/T 985.1)和《埋弧焊的推荐坡口》(GB/T 985.2)规定。

钢的弧焊接头缺陷质量应符合《起重机械安全规程　第 1 部分:总则》(GB 6067.1—2010)中 3.3.7 的规定。

架桥机主梁、导梁、小车架、吊具及主要承力支腿等位于受拉区的翼缘板及腹板的对接焊缝应进行 100% 无损检测,超声波检测时不应低于现行《起重机械无损检测　钢焊缝超声检测》(JB/T 10559)中的 Ⅰ 级要求,射线检测时不应低于现行《焊缝无损检测　射线检测》(GB/T 3323)中规定的 Ⅱ 级。

3) 高强度螺栓连接

高强度螺栓连接的设计应符合现行《起重机设计规范》(GB/T 3811)和《钢结构设计标准》(GB 50017)的相关规定。

非剪切型高强度螺栓接头所用螺栓、螺母、垫圈及其技术要求应分别符合现行《钢结构用高强度大六角头螺栓》(GB/T 1228)、《钢结构用高强度大六角螺母》(GB/T 1229)、《钢结构用高强度垫圈》(GB/T 1230)和《钢结构用高强度大六角头螺栓、大六角螺母、垫圈技术条件》(GB/T 1231)的规定。扭剪型高强度螺栓接头所用的钢结构用扭剪型高强度螺栓连接副应符合现行《钢结构用扭剪型高强度螺栓连接副》(GB/T 3632)的规定。

4) 主梁(架桥机主梁组装完成以后)

主梁设计要求有上拱时,跨中上拱允许偏差为 $\pm S/5000$,且最大上拱度应位于跨中部 $S/10$ 范围内。设计未要求上拱时,主梁跨度中部最低点不应低于水平线 $S/1000$。

主梁在水平方向产生的弯曲,对正轨箱形梁和半偏轨箱形梁不应大于 $S_3/1500$(S_3 为两端始于第一块横向加筋肋的实测长度,在离上翼缘板约 100mm 的横向加筋肋处测量),最大不应超过 15mm。

对全偏轨箱形梁、单腹板梁和桁架梁,应满足本指南对轨道的要求。

主梁腹板的局部翘曲,用以 1m 平尺检测,距离上翼缘板 $H/3$ 以内不应大于 0.7δ(δ

为腹板厚度),其余区域不应大于 1.2δ。

箱形梁及单腹板梁上翼缘板的水平偏斜值 $C \leqslant B/200$(B 为上翼缘板全宽),此值允许在未装轨道前在大筋板或节点处测量。

箱形梁腹板的垂直偏斜 $h \leqslant H/200$,单腹板梁及桁架梁的垂直偏斜 $h \leqslant H/300$(H 为箱形梁腹板全高),此值应在大筋板或节点处测量。

桁架梁杆件的直线度 $\Delta l \leqslant 0.0015a$($a$ 为桁架全长)。

架桥机主梁支承跨度范围内以各支腿中心线形成的平面和小车轨道上表面中心线的交点所得的对角线长度的差值不应大于 5mm。

吊梁小车轨道应满足以下要求:

对于起重量小于 320t 的分段拼接桁架梁,每段梁上小车轨道不允许有接缝(允许焊为一体),桁架梁拼接处的小车轨道应满足:

(1)接头处的高低差 $d \leqslant 2$mm;

(2)接头处的间隙 $e \leqslant 4$mm;

(3)接头处的侧向错位 $f \leqslant 2$mm;

(4)非焊接连接的轨道应当在端部加挡铁。

对于其他梁,小车轨道应满足:

(1)接头处的高低差 $d \leqslant 1$mm;

(2)接头处的间隙 $e \leqslant 2$mm;

(3)接头处的侧向错位 $f \leqslant 1$mm;

(4)对正轨箱形梁及半偏轨箱形梁,轨道接缝应该放在筋板上,允差不应大于 15mm;

(5)两端最短一段轨道长度不应小于 1.5m,并且在端部加挡铁。

主梁为偏轨箱形梁、单腹板梁的小车轨道中心线对承轨腹板中心线的位置偏差,$g \leqslant \delta/2$(δ 为腹板厚度)。

两根运行小车轨道轨距偏差 $\Delta K = \pm 8$mm,K 为小车规矩的名义值。

在与小车运行方向相垂直的同一截面上两根小车轨道表面之间的高低差,当 $K \leqslant 2$m 时,$\Delta h \leqslant 5$mm;当 $K > 2$m 时,$\Delta h \leqslant 2.5K$,K 以米(m)计,Δh 最大不超过 10mm。

架桥机两根小车轨道顶部形成的局部平面度 Δh(相对于四个轮子形成的标准平面),当 $K \leqslant 2$m 时,$\Delta h \leqslant 2.5$mm;当 $K > 2$m 时,$\Delta h \leqslant 1.25K$,K 以米(m)计,Δh 最大不超过 5mm(K 为小车轨距的名义值)。

小车运行轨道的侧向直线度 b,应符合以下要求:

(1)每 2m 长度内 b 不应大于 2mm;

(2)轨道全长范围内 b 不应大于 10mm。

4.2.5 主要零部件

1）电动机

应优先选用符合下列现行标准的电动机：《起重及冶金用变频调速三相异步电动机技术条件 第1部分：YZP系列起重及冶金用变频调速三相异步电动机》(GB/T 21972.1)、《YEZS系列起重用双速锥形转子制动三相异步电动机 技术条件》(JB/T 7076)、《YZRE系列起重及冶金用电磁制动绕线转子三相异步电动机技术条件》(JB/T 7077)、《YZR-Z系列起重专用绕线转子三相异步电动机 技术条件》(JB/T 7842)、《YZR2系列起重及冶金用绕线转子三相异步电动机 技术条件》(JB/T 8955)、《YZ系列起重及冶金用三相异步电动机 技术条件》(JB/T 10104)、《YZR系列起重及冶金用绕线转子三相异步电动机 技术条件》(JB/T 10105)。

2）减速器和开式传动齿轮

应优先选用符合下列现行标准的减速器：《起重机用三支点减速器》(JB/T 8905)、《起重机用底座式减速器》(JB/T 12477)、《起重机用立式减速器》(JB/T 12478)、《起重机用套装式减速器》(JB/T 12479)、《起重机用三合一减速器》(JB/T 9003)、《起重机用底座式硬齿面减速器》(JB/T 10816)和《起重机用三支点硬齿面减速器》(JB/T 10817)。

选用其他减速器时，硬齿面齿轮副的精度不应低于现行《圆柱齿轮 精度制 第1部分：轮齿同侧齿面偏差的定义和允许值》(GB/T 10095.1)中的G级，中硬齿面则不应低于8-8-7级。

用开式齿轮传动，则齿轮副精度不应低于现行《圆柱齿轮 精度制 第1部分：轮齿同侧齿面偏差的定义和允许值》(GB/T 10095.1)中的9级。

3）制动器

应优先选用符合下列现行标准的制动器：《电力液压鼓式制动器》(JB/T 6406)、《工业制动器 制动轮和制动盘》(JB/T 7019)和《电力液压盘式制动器》(JB/T 7020)。

4）滑轮和卷筒

铸造滑轮和卷筒材料的力学性能不应低于现行《一般工程用铸造碳钢件》(GB/T 11352)中的ZG270-500。

焊接滑轮和卷筒材料的力学性能不应低于现行《碳素结构钢》(GB/T 700)中的Q235B，根据使用工况和环境温度，可采用属于不同质量等级的现行《低合金高强度结构钢》(GB/T 1591)中的Q345钢或Q420钢。

焊接卷筒体的环向对接焊缝和纵向对接焊缝经外观检查合格后应进行无损检测。对环形对接焊缝进行50%检验，超声波检测时不应低于现行《起重机械无损检测 钢焊缝超声检测》(JB/T 10559)中规定的 1 级要求,射线检测时不应低于现行《焊缝无损检测　射线检测　第 2 部分:使用数字化探测器的 X 和伽玛射线技术》(GB/T 3323.2)中规定的Ⅱ级。纵向对接焊缝要保证卷筒两端各 160mm 范围内做检验,其余部分至少进行 20% 检验,超声波检测时不应低于现行《起重机械无损检测　钢焊缝超声检测》(JB/T 10559)中规定的 3 级要求,射线检测时不应低于现行《焊缝无损检测　射线检测　第2 部分:使用数字化探测器的 X 和伽玛射线技术》(GB/T 3323.2)中规定的Ⅲ级。

卷筒上应设置绳槽。卷筒绳槽为折线时,钢丝绳在卷筒上的缠绕层数可以是两层或两层以上;卷筒绳槽为螺旋线时,钢丝绳在卷筒上的缠绕层数不宜超过两层。缠绕层数不小于两层且卷筒钢丝绳入绳角度超过 1.7°时,应设置排绳装置。

多层缠绕的卷筒,端部应有防止钢丝绳从卷筒端部滑落的凸缘。当钢丝绳全部缠绕在卷筒后,凸缘应超出最外面一层钢丝绳,超出的高度不应小于钢丝绳直径的 1.5 倍。

5)钢丝绳

应采用符合现行《重要用途钢丝绳》(GB 8918)中的钢芯钢丝绳。

钢丝绳端部的固定和连接应符合《起重机械安全规程　第 1 部分:总则》(GB 6067.1—2010)中 4.2.1.5 的规定。

当吊具处于工作位置最低点时,在卷筒上缠绕的钢丝绳,除固定绳尾的圈数外不应少于 2 圈。

6)缓冲器

应优先选用符合现行《起重机　弹簧缓冲器》(JB/T 12987)、《起重机　橡胶缓冲器》(JB/T 12988)和《起重机用聚氨酯缓冲器》(JB/T 10833)规定的缓冲器。

7)车轮

应优先选用符合现行《起重机车轮》(JB/T 6392)规定的车轮。

8)吊钩

应优先选用符合现行《起重吊钩　第 1 部分:力学性能、起重量、应力及材料》(GB/T 10051.1)～《起重吊钩　第 12 部分:吊钩闭锁装置》(GB/T 10051.12)的吊钩。

9)吊杆

吊杆表面应光洁,无剥裂、锐角、毛刺、裂纹等。吊杆的两端宜设有球铰,吊杆的安全系数不应小于4。吊杆的探伤应符合《锻轧钢棒超声检测方法》(GB/T 4162—2008)中的 A 级。

10)遥控装置

当架桥机设有无线遥控装置时,无线遥控装置除应符合现行《起重机械无线遥控装置》(JB/T 8437)的规定外,还应符合本指南的要求。地面有线控制装置,也应符合本指南的要求。

4.2.6 装配

传动链中各部件间的连接,同一轴线的偏斜角不应大于所用联轴器允许的安装误差。

制动轮安装后,应保证其径向圆跳动不应超过表 4-2 规定的值。

径向圆跳动　　　　　　　　　　　　　表 4-2

制动轮直径(mm)	≤250	>250～500	>500～800
径向圆跳动(μm)	100	120	150

车轮安装后,应保证基准面上的圆跳动不应超过表 4-3 规定的值。

基准面圆跳动　　　　　　　　　　　　表 4-3

车轮直径(mm)	≤250	>250～500	>500～800
基准面圆跳动(μm)	100	120	150

空载小车一个车轮相对于其他三个车轮形成的平面的垂直偏差 Δh,当 $K \leq 2m$ 时,$\Delta h = 2.5mm$;当 $K > 2m$ 时,$\Delta h \leq [2.5 + 0.1 \times (K-2)]$ [K 为小车轨距的名义值,单位为米(m)]。

由小车车轮中心之间量出的轨距的极限偏差为 ±8mm。

架桥机车轮、架桥机吊梁小车和起重小车车轮的水平偏斜应符合以下规定:

(1)当采用镗孔并直接装车轮的结构时,车轮轴线的水平偏斜角 φ 的控制范围为 $-0.63‰ \sim +0.63‰$。

(2)当采用焊接连接的整体车架及角型轴承箱结构,并用测量车轮端面来控制车轮偏斜时,测量值 $|P_1 - P_2|$。对于四个车轮的架桥机和小车不应大于表 4-4 的规定,但同一轴线上的两个车轮的偏斜方向应相反;对多于四个车轮的架桥机和小车,单个平衡梁(平衡台车)下的两个车轮按表 4-4 的规定,同一轨道上的所有车轮间不应大于 $l/800$(l 为测量长度)且不控制车轮偏斜方向。

测量值 $|P_1 - P_2|$　　　　　　　　　　表 4-4

机构工作级别	M1	M2～M4
$\|P_1 - P_2\|$	<$l/800$	<$l/1000$

架桥机车轮的垂直偏斜应符合以下规定:

(1)架桥机车轮轴线的垂直偏斜:$-0.0026 \leq \tan\alpha \leq 0.0026$。

(2)架桥机吊梁小车车轮轴线的垂直偏斜:$-0.0006 \leq \tan\alpha \leq 0.0026$。

同一端梁上车轮的同位差要求,两个车轮时不应大于 2mm,三个或三个以上车轮时不应大于 3mm。同一平衡梁上同位差不应大于 1mm。

在前支腿与中支腿间量出的架桥机整机横移车轮的支承跨度相对偏差不大于 10mm。

装配好的各机构,应安装牢固,起升机构宜设有独立的底座,各机构无渗漏油现象。非制动状态时,应运转灵活,无卡阻现象。

钢丝绳出绳不应影响其他物件,钢丝绳下垂较大而影响其他零部件时,应设托轮(辊)。

4.2.7 电气设备

1) 电气设备的选用原则

架桥机电气设备应符合《机械电气安全 机械电气设备 第 32 部分:起重机械技术条件》(GB/T 5226.32—2017)的相关规定。

宜采用标准的起重机电气设备,如特殊需要,也可由制造厂自行设计,但应符合现行《起重机设计规范》(GB/T 3811)的有关规定。

除辅助机构外,应采用符合 3.2.5 中规定的电动机,必要时也可用符合架桥机要求的其他类型电动机。

2) 电气设备的防护和安装

安装在电气室(柜)内的电气设备,其防护等级应为现行《外壳防护等级(IP 代码)》(GB/T 4208)中的 IP00,但应有适当的防护措施,如防护栏杆、防护网等。如安装在无遮蔽防护的场所时,室外电气设备外壳防护等级不应低于现行《外壳防护等级(IP 代码)》(GB/T 4208)中的 IP54,电阻器不应低于现行《外壳防护等级(IP 代码)》(GB/T 4208)中的 IP33。

安装在架桥机各部位的电气设备,应能方便和安全地维修。走台上和电气室内的电气设备一般应留有 600mm 以上的通道。特殊情况允许适当缩小,但不应小于 500mm。

3) 导线及其敷设

架桥机应采用铜芯、多股、有护套的绝缘导线,司机室内允许采用无护套的铜芯、多股、塑料绝缘导线。

架桥机上移动用电缆,应采用扁形软电缆。

架桥机上应采用截面面积不小于 $1.5mm^2$ 的多股单芯导线或 $1mm^2$ 的多股多芯导线。对电子装置、液压系统、传感元件等连接线的截面不作规定。

架桥机上的电线应敷设于线槽或金属管中,在线槽或金属管不便敷设或有相对移动的场合,可穿金属软管敷设。电缆允许直接敷设,但在有机械损伤、化学腐蚀、油污浸蚀的地方应有防护措施。

不同机构、不同电压种类和电压等级的电线,穿管时宜分开。照明线宜单独敷设。

交流载流 25A 以上的单芯电线或电缆不允许单独穿金属管。

司机室、电气室(柜)和电气设备的进出线孔、线槽和线管的进出线口均应采取防雨措施,线槽内不应积水。

4) 配电系统

架桥机应装设切断所有电源的主隔离开关。

总电源回路应设置总断路器,总断路器的控制除应具有电磁脱扣功能以外,根据设计还应具有分励脱扣或失压脱扣功能。紧急情况下,能够在司机室和电气室内断开总电源,急停按钮为非自复位式。应在司机方便操作的地方设置急停开关和接通、断开架桥机总电源(照明信号除外)。

动力电源回路应设能够分断动力线路的接触器,即正常工作时所有动力回路能够通过接触器分断。

架桥机各传动机构应设有零位保护。运行中若因故障或失压停止运行后,重新恢复供电时,机构不应自行动作,应人为将控制器置回零位后,机构才能重新起动。

5) 馈电装置

架桥机及吊梁小车馈电装置宜采用电缆导电,并应满足以下要求:

(1) 在桥架和小车架的适当部位设置固定的接线盒(箱)。

(2) 另设牵引绳,保证在小车运动过程中电缆不受力。

(3) 电缆截面面积不大于 $2.5mm^2$ 时,可选用多芯电缆;电缆截面面积不小于 $4mm^2$ 时,可选用三芯或四芯电缆;截面面积不小于 $16mm^2$ 的圆电缆宜选用单芯电缆。

6) 照明及其他

司机室和电气室均应有合适的照明,司机工作面上的照度不应低于 30lx。

固定式照明的电压不宜超过 220V,严禁用金属结构作照明线路的回路,可携式照明的电压不应高于 48V,交流供电时,应使用隔离变压器。架桥机上应具有适当的供插接可携式照明用的插座。

照明、信号应设专用电路,电源应从主断路器进线端分接。当主断路器断开时,照明信号电路不应断电,照明、信号电路及其各分支电路应设置短路保护。

7) 绝缘电阻和接地电阻

架桥机动力线路导线和保护接地电路之间施加 500V(DC)时,测得的绝缘电阻不应小于 1MΩ。

架桥机金属结构应当可靠接地,架桥机的重复接地或防雷接地的接地电阻不应大于 10Ω,对于保护接地的接地电阻不应大于 4Ω。

4.2.8 液压系统

液压系统的设计、制造应符合现行《液压传动 系统及其元件的通用规则和安全要求》(GB/T 3766)的有关规定。

液压系统应有防止过载和液压冲击的安全装置。安全阀的调整压力不应大于系统正常工作压力的110%，不应大于液压泵的额定压力。

液压系统应当有满足系统要求的过滤器或者其他防止油污染的装置。

液压系统中，应有防止被物品或主梁自重等作用，使液压马达超速的措施或装置。如平衡阀，平衡阀与油缸和液压马达应刚性连接。

有相对运动的部位采用软管连接时，应当尽可能缩短软管长度，避免相互摩擦碰撞，易受到损坏的外露软管应当加保护套。

液压油缸的端口和阀(例如保护阀)之间的焊接或装配连接件，爆破压力与工作压力的安全系数不应小于2.5。液压软管连同它们的终端部件，爆破压力与工作压力的安全系数不应小于4。

系统采用蓄能器时，必须在蓄能器上或者靠近蓄能器的明显处标出安全警示标志。

对于工作压力超过5MPa和/或温度超过50℃，并位于架桥机操作者1m范围之内的液压软管，应加装安全防护措施。

4.2.9 安全与卫生

1) 架桥机相关安全防护装置

安全防护装置是防止架桥机事故的必要措施，包括限制运动行程和工作位置的装置、锚定、防风和滑移的装置、连锁保护装置和紧急停止开关等。各安全防护装置须在使用中及时检查、维护，使其保持正常工作性能。如发现性能异常，应立即进行修理或更换。

(1) 起升高度限制器。应设置起升高度限制器，当吊具起升到设计规定的上极限位置时，应能自动切断起升电源。此极限位置的上方，还应留有足够的高度，以适应起升制动行程的要求。

(2) 运行行程限位器。应在架桥机整机横移和吊梁小车每个运动方向装设运动行程限位器或采取限位措施。运行行程限位器失效如图4-2所示。

(3) 缓冲器及端部止挡缓冲器。在轨道上运行的架桥机的运行机构、吊梁小车的运行机构均应装设缓冲器或缓冲装置。轨道端部止挡装置应牢固可靠，防止脱轨。缓冲器与端部止挡缓冲器失效如图4-3所示。

(4) 锚定装置。下导梁在固定状态下须实施锚定。架桥机过孔状态下应对非运动支腿实施锚定。架梁状态下应对主梁与支腿间进行固定连接。

图 4-2　运行行程限位器失效

图 4-3　缓冲器与端部止挡缓冲器失效

锚定装置应能确保架桥机在下列情况下整机及相关部件安全可靠：

①架桥机进入非工作状态且锚定时；

②架桥机处于工作状态，架桥机进行正常作业并实施锚定时。

（5）抗风防滑装置。架桥机应装设可靠的抗风防滑装置，并满足规定状态的抗风防滑要求。工作状态下的抗风防滑装置可采用制动器、夹轨器、顶轨器、压轨器等。制动装置的制动、释放应与抗风防滑装置联锁。

（6）联锁保护装置。架桥机工作时只能进行一个动作，架桥机吊梁小车起升机构的升降、吊梁小车的纵向运动和横向运动应相互联锁。在过孔状态下，不得进行有关架梁的动作；架桥机架梁状态各机构应与架桥机过孔作业机构联锁。应明确禁止联动、互动的机构，并以直接的继电保护电气联锁线路进行联锁与互锁。

（7）紧急停止开关。架桥机必须在司机操作处、承载支腿处等可方便控制的位置设置紧急停止开关，在紧急情况下，应能够停止所有运动驱动装置。紧急停止开关应为红色，且不能自动复位。

（8）起重量限制器。当实际起重量超过95%额定起重量时，起重量限制器宜发出警报信号；当实际起重量在100%～110%的额定起重量之间时，起重量限制器应自动断开起升电源，但允许下降运动。

（9）警示标志。应在架桥机的合适位置或工作区域设有明显可见的文字安全警示标志，如"起升物品下方严禁站人"等。在架桥架的危险部位应有安全标志和危险图形符号，安全标志和危险图形符号应符合现行《起重机　安全标志和危险图形符号　总则》

（GB 15052）、《安全色》（GB 2893）的规定。

2）保护与控制

架桥机进线处应设置隔离开关或采取其他隔离措施，应装有总断路器作短路保护。

架桥机应设置失压保护和零位保护，在司机和操作人员方便操作的地方应设置紧急停止开关。

根据架桥机结构和作业工况，应明确禁止联动、互动的机构，应对相关电气线路设置联锁与互锁。

架桥机应配置风速仪。

架桥机推荐采用遥控等地面操作方式。设有司机室时，司机室应安全可靠、视野良好、座椅可调，符合人类工效学，司机操作舒适方便，并具有良好的隔音、密封、保暖、通风、防雨性能。

架桥机上所有操作部位以及要求经常检查和维护的部位，凡与桥面距离超过 2m 的，都应能通过斜梯、平台、通道或直梯到达，梯级应装护栏。

用斜梯（楼梯）或台阶构成的固定通道和平台为维护架桥机的首选方案。但活动通道设备也可作为维护作业的一种替代方案。

架桥机通道的宽度不应小于 500mm，上方的净空高度一般不应低于 1800mm。在通道和平台上人员可能停留的任何部位，都应能承受以下载荷而不发生永久变形：

（1）2000N 的力通过直径为 125mm 圆盘施加在平台表面的任何位置；

（2）4500N/m^2 均布载荷。

任何通道基面上的孔隙，包括人员可能停留区域之上的走道、驻脚台或平台底面上的狭缝和空隙都应满足如下要求：

（1）不允许直径为 20mm 的球体通过；

（2）长度大于或等于 200mm 时，其最大宽度为 12mm。

通道基面应具有防滑性能。

栏杆上部表面的高度不低于 1m，栏杆下部有高度不低于 0.1m 的踢脚板，在踢脚板与手扶栏杆之间有不少于一根的中间横杆，它与踢脚板或手扶栏杆的距离不得大于 0.5m；对净高不超过 1.3m 的通道，手扶栏杆的高度可以为 0.8m；栏杆上任何一处都应能承受 1kN 来自任何方向的载荷而不产生永久变形。

小车的栏杆原则上应和走台上的栏杆同样设置。当因小车栏杆高度使架桥机整体高度增大而无法通过特定的限界（如隧道、立交桥、高压电缆等）要求时，栏杆高度可与小车上传动部件最高点一致，但最小高度为 700mm，中间加一道横杆。

在无法装设栏杆的情况下，应装设护绳，护绳高度不宜低于 1m。护绳任意位置应能承受 5000N 的外力，护绳宜采用钢丝绳或链条。

架桥机上外露的、有伤人可能的旋转零部件,如开式齿轮、联轴器、传动轴等,均应装设防护罩。

3)噪声

架桥机工作时,在无其他外声干扰、距声源1m处,架桥机各机构产生的噪声(不含发动机产生的噪声)不应大于85dB(A)。

4.2.10 外观

架桥机面漆应均匀、细致、光亮、完整和色泽一致,不得有粗糙不平、漏漆、错漆、皱纹、针孔及严重流挂等缺陷。

涂漆时,应先涂两层底漆,两层漆膜总厚度 50～60μm,然后再涂两层或两层以上面漆。漆膜的总厚度不小于100μm。

漆膜附着力应符合现行《色漆和清漆 划格试验》(GB/T 9286)中规定的一级质量要求。

涂漆颜色一般应符合订货合同的规定。

4.2.11 试验方法

4.2.11.1 目测检查

目测检查应包括检查所有重要部分的规格和/或状态是否符合要求,如各机构、电气设备、安全装置、制动器、控制器、照明和信号系统;架桥机金属结构及其连接件、梯子、通道、司机室和走台;所有的防护装置;吊杆或其他吊具及其连接件;钢丝绳及其固定件;滑轮组及其轴向紧固件。检查时,不必拆开任何部分,但应打开在正常维护和检查时应打开的盖子,如限位开关盖。

目测检查还应包括检查必备的证书是否已提供齐全并经过审核。

4.2.11.2 合格试验

架桥机空载运行后,根据起重量的大小,经过2～3次的逐渐加载直至额定起重量,在额定工况下做各机构各方向的动作试验和测试,试验时不允许同时开动两个机构。

1)主梁支承跨度跨中静挠度测试

对于非定点起吊架桥机,先将空载吊梁小车停放在支腿支点,在主梁跨中位置找好基准点,然后将一吊梁小车开至主梁最不利位置(主梁中部),对于单小车的架桥机按额定起重量加载,对于双小车的架桥机按架桥机额定起重量的一半加载,载荷距离地面100～200mm,保持10min。测量基准点的下挠数值后卸载,主梁基点下挠数值即为架桥机主梁跨中的静挠度。

对于定点起吊架桥机,架桥机空载时在主梁跨中位置找好基准点,架桥机吊梁小车按架桥机的额定起重量加载,载荷距离地面 100~200mm,保持 10min。测量基准点的下挠数值后卸载,主梁基点下挠数值即为架桥机主梁跨中的静挠度。

2)起重小车在主梁悬臂端挠度测试

先将空载小车停放在前支腿支点或接近支腿极限位置处,在悬臂的有效悬臂位置找好基准点,然后将小车开至悬臂最不利位置(悬臂端部),按起重小车额定起重量加载,载荷离地面 100~200mm,保持 10min。测量基准点的下挠数值后卸载,将悬臂基点下挠数值除以有效悬臂长度,即为悬臂端的静挠度。

3)架桥机噪声测试

在跨中起吊额定载荷,分别开动运行机构和起升机构,对双小车的架桥机可同时开动两个小车的同一机构。在操作座椅处或操作处距负载小车垂线下旁不大于 6m 处用声级计 A 挡读数测噪声,测试时脉冲声峰值除外。总噪声与背景噪声之差应大于 3dB(A)。总噪声值减去表 4-5 所列的修正值即为实际噪声,然后取三次的平均值。

总噪声与背景噪声的差值对应的修正值[单位:dB(A)]　　表 4-5

总噪声与背景噪声的差值	3	4	5	6	7	8	9	10	>10
修正值	3	2	2	1	1	1	0.5	0.5	0

4.2.11.3 载荷起升能力试验

1)静载试验

静载试验的主要目的是检查架桥机及其部件的结构承载能力。

架桥机吊梁小车起升机构的静载试验应根据架桥机作业工况进行。试验前根据试验工况将吊梁小车停放在相应位置,定出测量基准点。每个起升机构的静载试验应分别进行,试验前应调整好制动器。

起升机构按 $1.25G$ 逐渐加载,载荷距离地面 100~200mm 高度,悬空时间不少于 10min。卸去载荷后检查基点位置的变化,检查是否有永久变形。如有永久变形,需从头再做试验,但总共不应超过 3 次,不应再有永久变形。

2)动载试验

动载试验的目的是验证架桥机各机构和制动器的功能及安全可靠性。

架桥机各机构的动载试验应按照架桥机的作业工况分别进行。

起升机构按 $1.1G$ 加载;试验时对每种动作应在其整个运动范围内做反复起动和制动,试验时不允许两个不同机构同时动作;对悬挂的试验载荷做空中起动时,试验载荷不应出现反向动作;试验时应按该机构的电机负载持续率留有操作间歇时间,按操作规程进行控制,且应注意把加速度限制在架桥机正常工作的范围内;试验时间应不少于 2 个工作循环。

对节段拼装式架桥机,应当按最危险工况,给架桥机加载至其整机额定承载量的 1.1

倍,时间不少于1h。加载前定出测量基准点,加载后监测基点位置。卸去载荷后检查基点位置的变化量。

各机构或构件完成其功能试验,并在随后进行的目测检查中检查机构或构件是否有损坏,检查连接处是否出现松动或损坏。

4.2.11.4 架桥机过孔试验

1）架桥机过孔走行试验

按照架桥机的过孔走行方式进行过孔走行试验,试验次数不少于3次,检查过孔能力和过孔的平稳性,测量纵移速度、制动距离及相关技术参数。

2）导梁跨中静挠度试验

首先将架桥机下导梁安装在规定跨度的桥台上,架桥机过孔前,在下导梁跨度中部定好基准点;在架桥机过孔过程中,架桥机前支腿过孔至下导梁两简支中部时,架桥机暂停过孔,测得基准点的变化量,即为下导梁的过孔挠度。

3）架桥机过孔时悬臂挠度试验

架桥机过孔前,做好过孔准备,前支腿悬空,确定与架桥机过孔时悬臂挠度有关的各基准点,如支腿处支承主梁处位置、前悬臂处主梁的位置等,测量各基准点位置。过孔后前支腿达到桥梁墩台上方仍悬空时,再测量各基准点位置,计算出过孔时悬臂挠度。

4.2.12 检验规则

1）出厂检验

每台架桥机都应进行出厂检验。

架桥机应在制造厂进行预装。预装时,架桥机主梁、导梁和各支腿应单独试拼装;各支腿和主梁的连接局部需试拼装。

进行空转试验,分别开动各机构,做正、反方向运转,各机构试验时间均不少于5min。

架桥机制造厂的质量检验部门应按产品图样及本标准进行逐项检验,只有检验合格后才能准予验收,并向用户签发《产品合格证书》。

2）型式试验

架桥机属于下列情况之一时,应进行型式试验：

（1）新设计制造的架桥机或老产品转厂生产的试制定型鉴定。

（2）正式生产后,如结构、材料、工艺有较大改变,可能影响架桥机性能时。

（3）正常生产时,应抽取一定数量的产品进行型式试验,抽样试验的架桥机按年生产总量不应少于表4-6规定的数量。

架桥机年生产总量　　　　　　　　　表 4-6

额定起重量(t)	≤320		>320	
年生产总量(台)	≤20	>20	≤5	>5
抽检比例	1/10	1/15	1/5	1/10

(3)架桥机停产两年以上后又重新恢复生产时。

(4)出厂检验结果与上次型式试验有较大差异时。

(5)国家质量监督机构提出进行型式试验的要求时。

4.2.13　对标志以及包装、运输、储存的要求

1)对标志的要求

在架桥机上应设置明显的起重量吨位牌,吊具上应设置明显的起重量标志。

在架桥机明显位置应设置产品标牌,其要求应符合现行《标牌》(GB/T 13306)的规定,标牌的内容至少应包括:

(1)架桥机名称及型号;

(2)额定起重量(额定承载量)、架设跨度、工作级别;

(3)出厂编号及出厂日期;

(4)制造商名称和地址。

2)对包装、运输、储存的要求

架桥机的包装、运输、储存应符合现行《包装储运图示标志》(GB/T 191)、《机电产品包装通用技术条件》(GB/T 13384)的有关规定。

架桥机出厂应附有以下随机文件:

(1)产品合格证书;

(2)产品使用、维护说明书(包括外购电气设备及其他外购配套件制造商或供应商的使用说明书);

(3)主要外购件明细表;

(4)易损件明细表;

(5)随机附件、备件清单;

(6)随机图样(包括整机及各主要部件总图,液压系统原理图,电气控制系统原理图)。

4.3　架桥机及配套设备安全管理员及司机职责要求

4.3.1　基本要求

为保证架桥机的安全工作,使用单位应任命经过全面培训并有实践经验的管理人员

负责架桥机作业的全面管理,同时应明确架桥机作业人员的职责。作业人员应取得国家有关机构颁发的相应的作业资格证书。

4.3.2 管理人员的职责

(1)应对架桥机作业的有关事项进行审核,包括提出工作计划、架桥机及有关设备的选择、安全操作规程和监管等,还应包括与有关政府监督机构的沟通以及与有关单位的协作。

(2)保证对架桥机进行及时的全面检查和维护。

(3)保证故障和事故的报告制度有效运行以及采取正确的处理措施。

(4)为架桥作业的组织和作业过程负责。

4.3.3 架桥机司机的职责与基本要求

司机应遵照制造商说明书和安全工作制度负责架桥机的安全操作。除接到停止信号外,在任何时候都只应服从指挥发出的可明显识别的信号指令。

架桥机司机应具备相应的文化程度;具有判断距离、高度和净空的能力;受过所操作架桥机的专业培训,并有相关方面的丰富知识;经过架梁作业指挥信号的培训,理解并听从指挥人员的指挥;具有相应的人员资质。

4.3.4 指挥人员的职责和基本要求

指挥人员负责指挥架桥机作业,负有将信号从吊装人员传递至架桥机司机的责任。

指挥人员应具备相应的文化程度;具有判断距离、高度和净空的能力;受过所架桥机作业指挥的专业培训,并能够理解和熟练使用架桥机作业指挥信号;能够熟练使用听觉设备并能发出准确、清晰的口令;具有指挥架桥机作业的能力;具有相应的人员资质。

4.3.5 吊装人员的职责和基本要求

吊装人员负责将吊具和待架桥梁可靠地连接,将吊具从已架桥梁上拆除。负责将吊梁小车起升机构的升降、吊梁小车纵向运动、吊梁小车横向运动、架桥机整机横移、架桥机过孔作业的各种动作的要求准确地传达给指挥的责任。

吊装人员应具备相应的文化程度;具有判断距离、高度和净空的能力;经过吊装技术的培训;经过架桥机作业指挥信号的培训,理解和熟练使用架桥机作业指挥信号;能够熟练使用听觉设备并能发出准确、清晰的口令;具有相应的人员资质。

4.3.6　安装人员的职责和基本要求

安装人员负责按照制造商说明书安装架桥机,应指定一人作为"安装主管",在任何时候监管安装工作。

安装人员应具备相应的文化程度;能够胜任高空作业环境;具有估计载荷质量、平衡载荷及判断距离、高度和净空的能力;经过吊装技术及起重作业指挥信号的培训;具有根据载荷的情况选择合适吊具的能力;在架桥机安装、拆卸以及所安装的架桥机的操作知识方面经过全面培训,并取得相应资质;经过同一类型(或型号)架桥机的安全防护装置安装和调试的培训。

4.3.7　维护人员的职责和基本要求

维护人员的职责是对维护架桥机以及架桥机的安全使用和正常操作负责,应遵照制造商提供的维护手册并在安全工作制度下对架桥机进行必要的维护。

维护人员应具备相应的文化程度;熟悉所维护的架桥机及其危险性;受过相应的教育和培训,包括学习特种设备使用方面的课程;熟悉架桥机的有关工作程序和安全防护措施。

4.3.8　架桥机作业中的人员安全性

在现场负责全面管理的人员或组织以及架桥机操作中的人员对架桥机的安全运行都负有责任。管理人员应保证架桥机作业中各项安全制度的落实。架桥机作业中与安全性相关的问题包括架桥机的使用、维护、检查和更换安全装备、安全操作规程,以及与设备有关的各类人员的责任均应落实到位。

4.4　架桥机使用安全规范

本节阐述了架桥机在设计、制造、安装、使用、维护、报废、检验等方面的基本安全要求。

4.4.1　金属结构

1)总则

架桥机金属结构设计时,应合理选用材料、结构形式和构造措施,满足结构在运输、安装和使用过程中的强度、稳定性、刚性和有关安全性方面的要求,并尽可能减少施工载荷以适应桥梁施工的需要,且应便于检查、维修和排水。

在金属钢结构设计文件中,应注明钢材牌号,必要时还应注明对钢材所要求的力学性能、化学成分及其他的附加保证项目。应注明所要求的焊缝形式、尺寸、焊缝质量等级及对施工的要求。

2)材料

架桥机承载结构构件的钢材选择应符合《起重机设计规范》(GB/T 3811—2008)中5.3的规定,且不允许采用 B 级以下钢材。

3)金属结构件焊接要求

金属结构制作和安装单位应根据有关标准制定金属结构焊接技术规程。

制造单位和安装单位对其首次采用的钢材型号、焊接材料、焊接方法、接头形式、焊接位置、焊后热处理工艺以及焊接参数、预热或后热工艺措施等各种参数的组合条件,应进行焊接工艺评定。

焊接材料应符合下列要求:

(1)手工焊焊条应符合现行《非合金钢及细晶粒钢焊条》(GB/T 5117)或《热强钢焊条》(GB/T 5118)的规定,气体保护焊焊丝应符合现行《熔化极气体保护电弧焊用非合金钢及细晶粒钢实心焊丝》(GB/T 8110)的规定,其牌号选择应与主体金属力学性能适应;

(2)埋弧自动焊、半自动焊的焊丝和焊剂应符合现行《埋弧焊用非合金钢及细晶粒钢实心焊丝、药芯焊丝和焊丝–焊剂组合分类要求》(GB/T 5293)和《埋弧焊用热强钢实心焊丝、药芯焊丝和焊丝–焊剂组合分类要求》(GB/T 12470)的规定,其牌号选择应与主体金属力学性能适应;

(3)气体保护焊使用的氩气应符合现行《氩》(GB/T 4842)的规定,其纯度应不低于99.95%。

金属结构件全焊透熔化焊焊接接头的对接焊缝质量按现行《起重机械无损检测 钢焊缝超声检测》(JB/T 10559)中焊缝等级的分级规定,分为以下3个等级:

(1)1级是指重要受拉结构件的焊接接头,如主梁、小车架的受拉区等;

(2)2级是指受拉结构件的焊接接头;

(3)3级是指受压结构件的焊接接头。

设计要求全焊透的对接焊缝,其内部缺陷的检验应符合下列要求:

(1)1级焊缝应进行100%的检验,其评定合格等级应符合现行《起重机械无损检测 钢焊缝超声检测》(JB/T 10559)中1级焊缝的验收准则要求。采用射线探伤时应达到现行《焊缝无损检测 射线检测 第2部分:使用数字化探测器的 X 和伽玛射线技术》(GB/T 3323.2)的规定,其评定合格等级不应低于Ⅱ级。

(2)2级焊缝可根据具体情况进行抽检,其评定合格等级应分别符合现行《起重机械无损检测 钢焊缝超声检测》(JB/T 10559)中2级焊缝的验收准则要求。采用射线探伤时应达到现行《焊缝无损检测 射线检测 第2部分:使用数字化探测器的X和伽玛射线技术》(GB/T 3323.2)的规定,其评定合格等级不应低于Ⅲ级。

(3)3级焊缝可根据具体情况进行抽检,其评定合格等级应分别符合现行《起重机械无损检测 钢焊缝超声检测》(JB/T 10559)中3级焊缝的验收准则要求。射线探伤不作规定。

有下列情况之一时,应进行表面探伤:

(1)外观检查怀疑有裂纹;

(2)设计文件规定;

(3)检验员认为有必要时。

钢的弧焊接头缺陷质量应达到现行《钢的弧焊接头 缺陷质量分级指南》(GB/T 19418)的下列规定:

(1)1级焊缝外观质量评定等级应符合现行《钢的弧焊接头 缺陷质量分级指南》(GB/T 19418)的B级;

(2)2级焊缝外观质量评定等级应符合现行《钢的弧焊接头 缺陷质量分级指南》(GB/T 19418)的C级;

(3)3级焊缝外观质量评定等级应符合现行《钢的弧焊接头 缺陷质量分级指南》(GB/T 19418)的D级。

焊工应经考试合格并取得合格证书且在有效期内。持证焊工应在其考试合格项目及其认可范围内施焊。

1级焊缝施焊后应具有可追溯性。

焊缝无损检测人员应取得相应无损检测资格;报告编制人员和签发人员应持有相应探伤方法的11级或11级以上资格。

4)高强度螺栓连接

高强度螺栓连接的设计施工及验收应符合现行《钢结构高强度螺栓连接技术规程》(JGJ 82)的规定。

构件拼装接头采用摩擦型高强度螺栓连接时,高强螺栓连接处构件接触面应保持干燥、整洁,不应有飞边、毛刺、焊接飞溅物、疤痕、氧化铁皮、污垢等。

构件拼装接头采用摩擦型高强度螺栓连接时,应使用力矩扳手拧紧,并应达到所要求的拧紧力矩,其接触面应紧密贴合。连接副的施拧顺序和初拧、复拧扭矩应符合设计要求。力矩扳手应进行标定并有标定记录。应有高强度螺栓拧紧施工记录。

非剪切型高强度螺栓、螺母、垫圈的尺寸应分别按现行《钢结构用高强度大六角头螺栓》(GB/T 1228)、《钢结构用高强度大六角螺母》(GB/T 1229)和《钢结构用高强度垫圈》(GB/T 1230)的规定,其技术条件应符合《钢结构用高强度大六角头螺栓、大六角螺母、垫圈技术条件》(GB/T 1231)的规定。采用扭剪型高强螺栓连接副时应符合现行《钢结构用扭剪型高强度螺栓连接副》(GB/T 3632)的规定。

铰制孔用螺栓、孔的尺寸应分别按现行《六角头加强杆螺栓》(GB/T 27)、《六角头螺杆带孔加强杆螺栓》(GB/T 28)和《紧固件 铆钉用通孔》(GB/T 152.1)的规定,其技术条件应符合现行《紧固件机械性能 螺栓、螺钉和螺柱》(GB/T 3098.1)的规定。

构件拼装接头采用摩擦型高强度螺栓连接副时,高强度螺栓经使用拆卸后不能重复使用。

4.4.2 司机室

当架桥机设有司机室时,司机室应符合现行《起重机 司机室和控制站 第1部分:总则》(GB/T 20303.1)和本标准的相关规定。

当存在坠落物危险时,司机室顶部应装设有效的防护装置。

架桥机宜采用封闭式司机室。仅作辅助性质工作较少使用的架桥机司机室,可以是敞开式的,敞开式司机室应设高度不小于1m的护栏。

在架桥机空间允许的情况下,司机室内净空高度不宜低于1.8m。

司机室工作面上的照度不应低于30lx。

司机室应有安全出入口;当司机室装有门时,应防止其在架桥机工作时意外打开;司机室的拉门和外开门应通向同一高度的水平平台;司机室的门向外开,可以安全、方便地从已架桥梁的梁面进出司机室。司机室外无平台时,一般情况下门应向里开。

司机室底窗和天窗安装防护栏时,防护栏应尽可能不阻挡视线。司机室的构造与布置,应使司机对工作范围具有良好的视野,并便于操作和维修。

司机室地板应采用防滑的非金属隔热材料覆盖。

重要的操作指示器应有醒目的显示,并安装在司机方便观察的位置。指示器和报警灯及急停按钮应有清晰永久的易识别标志。指示器应有合适的量程并应便于读数。报警灯应具有适宜的颜色,危险显示应用红灯。

4.4.3 通道和平台

架桥机上所有操作部位以及要求经常检查和维护的部位,凡与桥面(地面、墩、台)距离超过2m的,都应能通过斜梯、平台、通道或直梯到达。

外设通道和平台的净空高度不应低于1.8m。运动部分附近的通道和平台的净宽度不应小于0.5m;如果设有扶手或栏杆,在高度不超过0.6m的范围内,通道的净宽度可减至0.4m。固定部分之间的通道净宽度不应小于0.4m。

架桥机结构件内部很少使用的进出通道,其最小净空高度可为1.3m,但此时通道净宽度应增加到0.7m。只用于维护的平台,其上面的净空高度可以减到1.3m。

通道和平台表面应防滑。在通道和平台上人员可能停留的任何部位,都应保证在下列情况下不应发生永久变形:

(1)2000N的力通过直径为125mm的圆盘施加在平台表面的任何位置;

(2)通道和平台承受$4500N/m^2$的均布载荷。

维修平台的地板上单个孔洞和间隙按以下要求控制:

(1)不允许直径20mm的球体穿过;

(2)当长度不小于200mm时,其最大宽度为12mm。

4.4.4 斜梯和直梯

1)斜梯

斜梯的倾斜角不宜超过65°。特殊情况下,倾斜角也不应超过75°(超过75°时按直梯设计)。

斜梯两侧应设置栏杆,两侧栏杆的间距:主要斜梯不应小于0.6m;其他斜梯可取为0.5m。斜梯的一侧靠机体时,只在另一侧设置栏杆,栏杆高度不小于1m。

梯级的净宽度不应小于0.32m,单个梯级的高度宜取为0.18~0.25m,斜梯上梯级的进深不应小于梯级的高度,连续布置的梯级高度和进深均应为相同尺寸。梯级踏板表面应防滑。

2)直梯

直梯两侧撑杆间距不应小于0.40m,两侧撑杆之间踏杆宽度不应小于0.30m,梯级的间距应保持一致,宜为0.23~0.30m,梯级离开固定结构件至少应为0.15m,梯级中心0.1m范围内应能承受1200N的分布垂直力而无永久变形。

人员出入的爬越孔尺寸,方孔不宜小于0.63m×0.63m,圆孔直径宜取0.63~0.80m。

高度2m以上的直梯应设有护圈,护圈从2.0m高度起开始安装,护圈直径宜取为0.6~0.8m。护圈之间应由三根或五根间隔布置的纵向板条连接起来,并保证有一根板条正对着直梯的垂直中心线,相邻护圈之间的距离:当护圈设置三根纵向板条时,不应大于0.9m;当护圈设置五根纵向板条时,不应大于1.5m。安装了纵向板条的护圈在任何一个0.1m的范围内应可以承受1000N的分布垂直力,不允许有永久变形。

除非提供有其他合适的把手,直梯的两边撑杆至少要比最上一个梯级高出1.0m,当空间受限制时此高出的高度也不应小于0.8m。

装在结构内部的直梯,如果结构件的布置能够保证直径为 0.6m 的球体不能穿过,则可不设护圈。

直梯的终端宜与平台平齐,梯级终端踏板或踏杆不应超过平台平面。

如梯子在平台处不中断,则护圈也不应中断,但应在护圈侧面开一宽为 0.5m、高为 1.4m 的洞口,以便人员出入。

3)栏杆和护绳

在架桥机的以下部位应装设栏杆:

(1)用于进行架桥机安装、拆装、试验、维护和修理,且高于桥面 2m 的工作部位;

(2)通往距离桥面高度 2m 以上的检修维护部位的通道。

栏杆的设置应满足以下要求:

(1)栏杆上部表面的高度不低于 1m,栏杆下部有高度不低于 0.1m 的踢脚板,在踢脚板与手扶栏杆之间有不少于一根的中间横杆,它与踢脚板或手扶栏杆的距离不得大于 0.5m;对净高不超过 1.3m 的通道,手扶栏杆的高度可以为 0.8m。

(2)在手扶栏杆上的任意点任意方向应能承受的最小力为 1000N,且无永久变形。

(3)栏杆允许开口,但开口处应有防止人员跌落的保护措施。

在无法装设栏杆的情况下,应装设护绳,护绳高度不宜低于 1m。护绳任意位置应能承受 5000N 的外力,护绳宜采用钢丝绳或链条。

4.4.5 金属结构的修复与报废

主要受力构件失去整体稳定性时不应修复,应报废。

主要受力构件发生腐蚀时,应进行检查和测量。当主要受力构件断面腐蚀达到原设计厚度的 10% 时,如不能修复,应报废。

主要受力构件产生裂纹时,应根据受力情况和裂纹情况采取阻止裂纹继续扩展的措施,并采取加强或改变应力分布的措施,或停止使用。

主要受力构件因产生塑性变形,使工作机构不能正常安全运行时,如不能修复,应报废。

4.4.6 主要零部件

1)吊具

吊杆、吊杆螺母表面应光洁,无剥裂、锐角、毛刺、裂纹等。安全系数不应小于 4。

吊钩应符合现行《起重吊钩 第 1 部分:力学性能、起重量、应力及材料》(GB/T 10051.1)~《起重吊钩 第 12 部分:吊钩闭锁装置》(GB/T 10051.12)的规定。

吊杆、吊杆螺母应有制造单位的合格证、探伤报告等技术证明文件,方可投入使用。否则,应经检验,查明性能合格后方可使用。吊杆的探伤应符合《锻轧钢棒超声检测方法》(GB/T 4162—2008)中的 A 级要求。

吊杆、吊杆螺母上的螺纹不得腐蚀。

吊杆、吊杆螺母出现下述情况之时,应报废:

(1)裂纹;

(2)产生明显变形。

吊梁扁担出现下述情况之时,应报废:

(1)整体失去稳定性时;

(2)发生腐蚀,断面腐蚀达到原设计厚度的10%,如不能修复时;

(3)产生裂纹,如不能根据受力情况和裂纹情况采取阻止裂纹继续扩展的措施时;

(4)主要部件产生塑性变形不能修复时。

吊杆、吊杆螺母和吊钩不得补焊。

吊钩达到现行《起重吊钩 第1部分:力学性能、起重量、应力及材料》(GB/T 10051.1)~《起重吊钩 第12部分:吊钩闭锁装置》(GB/T 10051.12)的有关报废指标时,应更换。

当使用条件或操作方法会导致重物意外脱钩时,应采用防脱绳带闭锁装置的吊钩;当吊钩起升过程中有被其他物品钩住的危险时,应采用安全吊钩或采取其他有效措施。

吊运物品时需同步供给电能的取物装置,其供电电缆的收放速度应与该取物装置升降速度相匹配;在升降过程中电缆不应过分松弛和碰触起重钢丝绳。

在可分吊具上,应永久性地标明其自重和能起吊物品的最大质量。

2) 钢丝绳

架桥机用钢丝绳应符合现行《重要用途钢丝绳》(GB 8918)的要求。

钢丝绳的安全系数,工作级别 M1~M3 时不应小于4,工作级别 M4 时不应小于4.5。

起升机构不得使用接长的钢丝绳。

载荷由多根钢丝绳支承时,应设有各根钢丝绳受力均衡的装置;安装后的均衡装置应能灵活转动,避免钢丝绳和均衡装置间出现相对滑动。如果钢丝绳传动设计中不能使各根承载钢丝绳的载荷自动平均分配,则应在设计中考虑到各根钢丝绳间载荷不均衡分布的可能性。

钢丝绳在卷筒上,应能按顺序整齐排列。

当吊具处于工作位置最低点时,在卷筒上缠绕的钢丝绳,除固定绳尾的圈数外,必须不少于2圈。

钢丝绳端部固定连接应符合下列要求：

（1）用绳夹连接时，应满足表4-7的要求，同时应保证连接强度不得小于钢丝绳破断拉力的85%；

钢丝绳夹连接时的安全要求 表4-7

钢丝绳公称直径（mm）	≤19	19~32	32~38	38~44	44~60
钢丝绳夹最少数量	3	4	5	6	7

注：钢丝绳夹夹座应在钢丝绳长头一边，钢丝绳夹的间距不应小于钢丝绳直径的5倍。

（2）用编结连接时，编结长度不应小于钢丝绳直径的15倍，并且不得小于300mm，连接强度不得小于钢丝绳破断拉力的75%；

（3）用模块、模套连接时，模套应用钢材制造，连接强度不得小于钢丝绳破断拉力的75%；

（4）用锥形套浇铸法连接时，连接强度应达到钢丝绳的破断拉力；

（5）用铝合金套压缩法连接时，连接强度应达到钢丝绳的破断拉力的90%。

钢丝绳的维护、检验、报废应符合现行《起重机 钢丝绳 保养、维护、检验和报废》（GB/T 5972）的有关规定。

3）卷筒

卷筒的材料应符合《架桥机通用技术条件》（GB/T 26470—2011）中5.4.4.3和5.4.4.4的要求。焊接卷筒的焊接应符合《架桥机通用技术条件》（GB/T 26470—2011）中5.4.4.5的要求。

卷筒出现下述情况之一时，应报废：

（1）影响性能的表面缺陷（如裂纹等）；

（2）筒壁磨损达设计壁厚的20%。

4）滑轮

滑轮槽应光洁平滑，不得有损伤钢丝绳的缺陷。

滑轮应有防止钢丝绳脱出绳槽的装置或结构。在滑轮罩的侧板和圆弧顶板等处与滑轮本体的间隙不应超过钢丝绳直径的50%，其最大值不应超过10mm。

铸造滑轮出现下述情况之一时，应报废：

（1）影响性能的表面缺陷（如裂纹等）；

（2）轮槽不均匀磨损达3mm；

（3）轮槽壁厚磨损达到原壁厚的20%；

（4）因磨损使轮槽底部直径减少量达到钢丝绳直径的50%。

5）制动器

制动器的设置应符合《架桥机通用技术条件》（GB/T 26470—2011）中5.2.13、

5.2.14 和 5.2.15 的规定。

制动器应便于检查和调整,常闭式制动器的制动弹簧应为压缩式的,制动衬片应能方便更换。宜选择对制动衬垫的磨损有自动补偿功能的制动器。控制制动器的操作部位,如踏板、操作手柄等,应有防滑性能。正常使用的架桥机,每班都应对制动器进行检查。

制动器的零件,出现下述情况之时,应报废:

(1)驱动装置:

①电磁铁线圈或电动机绕组烧损;

②推动器推力严重不足达不到松闸要求或无推力。

(2)制动弹簧:

①弹簧出现塑性变形且变形量达到弹簧工作变形量的10%以上;

②弹簧表面出现20%以上的锈蚀或有明显的损伤(如裂纹等缺陷)。

(3)传动构件:

①构件出现影响性能的严重变形;

②主要摆动铰点出现严重磨损,且磨损造成的制动衬垫的两侧退距之和大于额定退距的20%以上时。

(4)制动衬垫:

①铆接或组装式制动衬垫的磨损量达到衬垫原始厚度的50%;

②带钢背的卡装式制动衬垫的磨损量达到衬垫原始厚度的60%;

③制动衬垫表面出现碳化或剥脱面积达到衬垫面积的30%;

④制动衬垫表面出现裂纹或严重的龟裂现象。

(5)制动轮:

①影响性能的表面缺陷(如裂纹等);

②起升机构的制动轮,制动面厚度磨损达到原厚度的40%;

③其他机构的制动轮,制动面厚度磨损达到原厚度的50%;

④制动面凹凸不平度达1.5mm时。

6)车轮

出现下列情况之时,应报废:

(1)影响性能的表面缺陷(如裂纹等)。

(2)轮缘厚度磨损达到原始厚度的50%。

(3)轮缘厚度弯曲变形达到原始厚度的20%。

(4)踏面厚度磨损达到原始厚度的15%。

(5)当运行速度低于50m/min,圆度达到1mm时;当运行速度高于50m/min,圆度达到 0.5mm 时。

7）传动齿轮

出现下述情况之时，应报废：

(1) 轮齿塑性变形造成齿面的峰或谷高于或低于理论齿形轮齿模数的 20%。

(2) 断齿折断大于或等于齿宽的 1/5；轮齿裂纹大于或等于齿宽的 1/8。

(3) 齿面点蚀宏观面积达到轮齿工作面积的 50%；或 20% 以上点蚀坑最大尺寸达到 0.2 模数；或对于起升机构的 20% 的点蚀坑深度达到 0.1 模数；或对于其他机构的 20% 的点蚀坑深度达到 0.15 模数。

(4) 齿面咬合面积达工作齿面面积的 20% 及胶合沟痕的深度达到 0.1 模数。

(5) 齿面剥落的判定准则与齿面点蚀的判定准则相同。

(6) 对于起升机构齿根两侧磨损量之和达到 0.1 模数，对于其他机构齿根两侧磨损量之和达到 0.15 模数。

8）横移轨道

架桥机横移轨道应和运行车轮相适应，横移轨道及轨道梁应可靠垫实。

4.4.7 液压系统

液压系统应有防止过载和冲击的安全装置。采用安全阀时，安全阀的最高工作压力不应大于系统正常工作压力的 1.1 倍，同时不得大于液压泵的额定压力。

液压系统应有良好的滤清器或其他防止油污染的装置。

液压系统工作时，液压油的温升不得影响安全性能。

支腿油缸处于支承状态时，液控单向阀必须保证可靠工作。支腿油缸应有机械支承装置，架梁状态应由支腿油缸支承转化为机械支承。

液压系统中，应有防止被物品或主梁自重等作用，使液压马达超速的措施或装置，如平衡阀。平衡阀与油缸和液压马达应刚性连接。如果与平衡阀的连接管路过长，在靠近压力管路接头处应装自动保护装置（防破裂阀），以避免出现任何意外的物品下降。

液压系统应按设计要求用油，按说明书要求定期换油。

爆破压力与工作压力的比值，对液压钢管连同其终端部件不应小于 2.5，对液压软管连同其终端部件应不小于 4。

4.4.8 电气设备

1）基本要求

架桥机的电气设备必须保证传动性能和控制性能准确可靠，在紧急情况下能切断电源安全停车。在安装、维修、调整和使用中不得任意改变电路,以免安全装置失效。架桥机电气设备的安装,必须符合现行《电气装置安装工程 起重机电气装置施工及验收规范》(GB 50256)的规定。

2)环境和运行条件

电气设备应适合在本指南规定的实际环境和运行条件使用。当实际环境或运行条件超出规定范围时,供方和用户之间应有一个协议,电气设备的具体数据由相应的产品标准规定。

3)电磁兼容性(EMC)

电气设备不应产生高于其预定使用场合相适的电磁干扰等级。此外,电气设备还应具有足够的抗电磁干扰能力,使其在预期环境中能正常工作。

4)环境温度

电气设备应能在预定环境温度中工作。对所有电气设备的一般要求为在环境温度 0~40℃范围内应能正常工作。对于高温环境和寒冷环境,必须规定附加要求。

5)湿度

最高温度为40℃时,空气的相对湿度不超过50%,电气设备应能正常工作。在较低温度下可允许较高的相对湿度,例如20℃时为90%。

若湿度偏高,应采用适当的附加设施(如内装加热器、空调器、排水孔)来避免偶然性凝露的有害影响。

6)海拔

电动机正常使用地点的海拔高度不超过1000m;电器正常使用地点的海拔高度不超过2000m。当超过正常规定的海拔高度时,应进行修正。

7)防护

电气设备应有防止固体物和液体侵入的防护措施。

若电气设备安装处的实际环境中存在污染物(如灰尘、酸类物质、腐蚀性气体、盐类物质)时,应提高电气设备的适应性,保证设备在寿命周期的正常使用。

8)防油滴

任何润滑系统、液压系统或其他含油装置在运行和安装时,应保证不会使油滴到电气设备上,否则电气设备应加以保护。

9)离子和非离子辐射

当电气设备受到辐射(如微波、紫外线、激光、射线)时,为避免设备误动作和预防绝缘老化,应采取防护措施。

10)振动、冲击和碰撞

当电气设备在安装和使用过程中存在振动、冲击和碰撞影响时,应采取必要的减振措施,以保证设备正常使用。

4.4.9 供电及电路

1）供电电源

在正常工作条件下,供电系统在架桥机馈电线接入处的电压波动不应超过额定值的±10%。

2）配电系统

配电系统应符合以下要求：

（1）架桥机应装设切断所有电源的主隔离开关；

（2）总电源回路应设置总断路器,总断路器的控制应具有电磁脱扣功能,其额定电流应大于架桥机额定工作电流,电磁脱扣电流整定值应大于架桥机最大工作电流。

（3）动力电源回路应设置能够分断动力线路的接触器,即正常工作时所有动力回路能够通过接触器分断。

3）控制电路

架桥机控制电路应保证控制性能符合机械与电气系统的要求,不得有寄生回路和虚假回路。

4）遥控电路及自动控制电路

遥控控制电路应设置双回路,遥控操作与控制站操作应互锁。

遥控电流及自动控制回路所控制的任何机构,一旦控制失灵应自动停止工作。

5）电气配线

电线应敷设于金属管中,金属管应经防腐处理。

不同机构、不同电压等级、交流与直流的导线、信号线,穿管时应分开,照明线单独敷设。

4.4.10 电气设备保护

1）主隔离开关

架桥机进线处应设置主隔离开关,或采取其他隔离措施。

2）短路保护

架桥机应设总断路器实现短路保护。

架桥机的机构由笼型异步电机拖动时,应单独设短路保护。对于导线截面较小、外部线路较长的控制线路或辅助线路,当接地电流达不到瞬时脱扣电流值时,应增设热脱扣功能,以保证导线不会因接地而引起绝缘烧损。

3）失压保护、欠压保护和零位保护

架桥机各机构应设失压保护、欠压保护和零位保护。

4）过流保护

架桥机各机构必须单独设置过流保护。对笼型异步电动机驱动机构、辅助机构可例外。

三相绕线式电动机可在两相中设过流保护。用保护箱保护的系统，应在电动机第三相上设总过流继电器保护。

直流电动机可用过电流继电器保护。

5）电动机定子异常失电保护

起升机构电动机应设置定子异常失电保护功能，当调速装置或正反向接触器故障导致电动机失控时，制动器应立即制动。

6）错相与缺相保护

各机构应设置缺相保护。当错相会引起危险时，应设置错相保护。

7）漏电保护

架桥机应设置漏电保护。

8）超速保护

起升机构应设置超速开关。超速开关的整定值取决于控制系统性能和额定下降速度，通常为额定速度的 1.25~1.4 倍。

9）防雷

施工现场内且相对周围地面处在较高位置的架桥机，若在相邻建筑物、构筑物的防雷装置的保护范围以外宜考虑防雷措施。

4.4.11 照明

各种作业面用照明，应保证有足够的亮度。照明回路应单独供电，各种工作照明均应设置短路保护装置。

4.4.12 信号

架桥机应有指示总电源分合状况的装置，设置过孔状态下的声光警示信号，必要时还应设置故障信号或报警信号。信号指示装置应设置在司机或者有关人员视力、听力可及的位置。

4.4.13 安全工作制度

对于架桥机针对每项工程的作业，无论作业量的多少，都应建立一个安全工作制度并遵守。安全工作制度包括以下内容：

（1）作业计划（包括待架桥梁的特征和架设方法、桥墩桥台和路基结构特征及是否满足架桥机施工载荷的要求、架桥机通行时的净空要求、环境要求、安装与拆卸的过程记录等）；

（2）合适的架桥机选用方案；

（3）架桥机的日常维护、检查和必要的试验的制度；

（4）制定专门的培训计划并确定明确自身职责的主管人员，以及与架桥机操作相关的其他人员的制度；

（5）经过专门培训的并授予充分监督权的授权人员；

（6）获得所有必备证书和其他有效文件；

（7）架桥机的使用管理制度；

（8）监理包括架桥机操作人员在内的人员能够理解的通信方式；

（9）故障及事故报告与处理制度，包括告知管理人员、记录故障排除的结果以及架桥机再次投入使用的许可手续。

故障与事故报告还应及时通报如下情况：

（1）每日检查和定期检查中发现的故障；

（2）在其他时间发生的故障；

（3）无论轻重与否的突发事件或意外事件；

（4）发生的危险情况或事故报告。

4.4.14　架桥机施工现场的要求与条件

甘肃公航旅集团天庄高速公路项目如图4-4所示。

图4-4　甘肃公航旅集团天庄高速公路项目

1)基本要求

架桥机施工现场应检查下列条件是否满足施工要求:

(1)桥墩、桥台、路基、横移轨道是否满足施工要求;

(2)现场及附近是否有其他危险因素;

(3)工作及非工作状态下的风载荷影响;

(4)是否具备架桥机安装及作业后进行桥间转移和拆卸的通道或场地。

2)架桥机的支承条件

架桥机制造商或架桥机设计单位应提供架桥机全部作业工况下的施工载荷。该载荷应包括下列载荷组合:

(1)架桥机的自重;

(2)所架设梁体的质量;

(3)架桥机运行引起的动载荷;

(4)架桥机在工作状态允许的最大风载荷。

架桥机主管人员应负责确认桥墩、桥台、路基、横移轨道等是否满足施工要求。架桥机制造商或设计单位应提供架桥机全部作业工况下的施工载荷数据,并交由桥梁设计单位确认是否满足施工要求。

3)架空电线与电缆

施工前应确认所有架空电线是否带电,在可能与带电动力线接触的场合,应在开工前与电力线主管部门协调意见。架桥机工作时,其设备及附属设备与输电线的最小距离应符合表4-8的规定。

架桥机与输电线的最小距离　　　　表4-8

输电线电压(kV)	<1	1~20	35~110	154	220	330
最小距离(m)	1.5	2	4	5	6	7

4.4.15 架桥机的安装与拆卸要求

1)施工计划

应制订架桥机的安装与拆卸施工计划并严格监督管理。

正确的安装与拆卸程序应保证:

(1)安装前向当地市场监督管理部门进行书面告知;

(2)提供架桥机的产品合格证书、产品质量证明书等相关随机资料及安装、拆卸说明书,并提供架桥机制造单位及安装单位的有关的许可证明;

(3)应向有相应检验资质的检验单位申请架桥机监督检验;

(4)参与操作的所有人员应经过培训并取得作业人员资格证书;

（5）安装与拆卸作业应按照安装说明书进行，并由安装主管人员负责；

（6）改变任何预定程序、技术参数或结构应经架桥机设计单位同意。

2）安装调平

架桥机安装时应对架桥机的主梁和横移轨道进行调平，否则设计时应考虑架桥机作业时的坡度带来的危险因素，并应具备自锁功能。

4.4.16 架桥机的操作

1）基本要求

司机操作架桥机时，不允许从事分散注意力的其他任何工作。

司机体力和精神不适时，不得操作架桥机。

司机应接受指挥信号的指挥。无论何时，司机都应执行来自任何人发出的停止信号。

司机应对自己直接控制的操作负责。无论何时，当怀疑有不安全情况时，司机应在操作架桥机之前和管理人员协商。

在离开架桥机之前，司机应做到下列要求：

（1）桥梁未架设到位，司机不得离开架桥机；

（2）使运行机构制动器制动或设置其他的保险装置；

（3）将所有控制器置于"零位"或空挡位置；

（4）发动机熄火；

（5）有超过架桥机工作状态极限风速的大风警报或架桥机处于非工作状态时，为保证架桥机安全应将其可靠固定。

在接通电源或开动设备之前，司机应查看所有控制器，使其处于"零位"或空挡位置。所有现场人员均在安全区内。

在每个班开始，司机必须试验所有控制器。如果控制器操作不正常，应在架桥机运行之前调试和修理。

当风速超过制造单位规定的最大风速时，不允许操作架桥机。

架桥机作业时，应视线良好并提供有效的通信手段，保证架桥机的安全操作。不应在雾雪、雷雨等恶劣天气条件下作业，不宜在夜间进行作业。

2）架梁作业

确认待架梁体的自重和外形尺寸在架桥机作业能力覆盖范围之内。

吊具与梁体确认可靠联结后方可起吊。起升不超过100mm距离应制动、下降，如此试吊2次，确认起升制动安全可靠后，方可正式起吊梁体。

起吊梁体时应两端分别进行，但单端起吊后梁体的倾斜程度应满足待架梁体的相关规定。

采用拖拉喂梁时,应保证前吊梁小车与运梁车驮梁小车行走同步。

架桥机架梁操作应严格按照架桥机操作手册或使用说明书的规定进行。

4.4.17 架桥机的日常检查与维护

1) 日常检查

在每次换班或每次工作开始前,至少应对架桥机进行下列项目的日常检查:

(1) 按制造单位的维护手册要求进行检查。

(2) 检查所有钢丝绳在货轮和卷筒上缠绕是否正常。

(3) 目测检查电气设备,不允许沾染润滑油、润滑脂、冷却剂、水或灰尘。

(4) 目测检查架桥机车轮和轮胎的安全状况。

(5) 检查液压系统软管是否有非正常弯曲和磨损。

(6) 检查各工作机构的制动器和离合器功能是否正常。

(7) 检查架桥机在空载情况下所有控制系统是否处于正常状态。

(8) 检查所有限制装置和保护装置,以及控制手柄或操作杆的操作状态。

(9) 检查防风锚定装置的可靠性和安全性,以及架桥机运行轨道上是否有障碍物。

(10) 检查架桥机是否处于整洁环境,并远离油罐、肥料、工具,已有安全储藏措施的情况除外;检查架桥机的出入口,要求无障碍以及相应的灭火设施应完备。

(11) 检查所有声光报警装置及信号是否可以正常工作。

(12) 检查照明灯、风窗玻璃刮水器是否可以正常工作。

2) 定期检查

使用单位应按照制造单位规定的检查周期或实际使用工况制定的检查周期进行定期检查。除了按照规定的检查内容外,还应包括:

(1) 检查金属结构及其连接件的损坏情况,例如构件的缺损、拉压杆件的弯曲、板件的变形、焊接裂纹和螺栓及其他紧固件的松动。

(2) 摩擦型螺栓连接,应按照规定的扭矩和制造商规定的时间间隔进行检查。

(3) 检查液压系统有无渗漏。

(4) 目测检查所有的钢丝绳有无断丝、挤压变形、笼状扭曲变形或其他损坏的情况及表面磨损锈蚀情况。

(5) 检查所有钢丝绳端部节点、销轴和固定装置的连接情况。

(6) 检查吊具的焊缝及吊具结构有无磨损及永久变形情况,且吊杆、吊杆螺母每装吊200 片梁时,应进行无损探伤检验。

(7) 检查滑轮和卷筒的裂纹和磨损情况;检查所有滑轮装置是否损坏,绳槽磨损及卡绳情况。

（8）检查控制器、制动器和离合器的操作及控制情况；检查主起升机构编码器、超速开关、高度限位开关线路是否正常。

（9）应做好检查记录并加以保存。

3）不经常使用的架桥机检查

架桥机如果停止使用一个月以上，但不超过一年，应在使用前按相关规定进行检查。

4.4.18 架桥机使用状态的安全评估

架桥机应按照4.4.17的规定进行检查。当架桥机使用接近设计寿命，架桥机的故障频度增加，或架桥机的工作状态明显恶化时，应进行架桥机使用状态的安全评估来监控架桥机的安全状况。

架桥机达到下列条件之一时，应进行使用状态安全评估：

（1）达到设计规定的架梁片数，如设计无规定，铁路架桥机已架梁片达到1000孔，公路架桥机架梁片数达到2000片，节段拼装式架桥机的架梁片数达到3000节段。

（2）铁路架桥机安装拆卸转场次数达到4次。

（3）出厂年限达到5年。

架桥机使用单位应保留用来确定架桥机接近设计寿命的使用记录。除制造商提供的有关记录外，还应包括维护、检查、意外事件（如误操作导致的不正常载荷）、故障、修理和改造等记录，在定期检查中应检查这些记录，保证在适当的时间进行安全评估。

甘肃公航旅集团平凉（华亭）至天水高速公路项目如图4-5所示。

图4-5 甘肃公航旅集团平凉（华亭）至天水高速公路项目

第 5 章　桥门式起重机安全指南

5.1　桥门式起重机安全管理要求

5.1.1　桥门式起重机安全管理要求总则

架桥机及其配套设备应主要按照《起重机械安全规程　第 1 部分:总则》(GB 6067.1—2010)、《起重机械安全规程　第 5 部分:桥式和门式起重机》(GB 6067.5—2014)、《特种设备使用管理规则》(TSG 08—2017)、《起重机械使用管理法规则》(TSG Q5001—2009)(图 5-1)进行管理、使用、维护、修理。

图 5-1　相关标准

5.1.2　桥门式起重机使用管理

1)起重机械的选型

使用单位应当根据起重机械的用途、使用频率、载荷状态和工作环境,选择适应使用条件要求的相应品种(型式)的起重机。如果选型错误,由使用单位负责。

使用单位购置的起重机械应当由具备相应制造许可资格的单位制造,产品应当符合有关安全技术规范及其相关标准的要求,随机的产品技术资料应当齐全。产品技术资料至少包括以下内容:

(1)设计文件,包括总图、主要受力结构件图、机械传动图、电气和液压(气动)系统原理图;

(2)产品质量合格证明;

(3)安装使用维修说明;

(4)制造监督检验证书(适用于实施制造监督检验的);

(5)整机和安全保护装置的型式试验合格证明(制造单位盖章的复印件,按覆盖原则提供);

(6)特种设备制造许可证(制造单位盖章的复印件,取证的样机除外)。

2)起重机械(图5-2)的安装

使用单位应当选择具有相应许可资格的单位进行起重机械的安装、改造、重大维修(以下通称施工),并且督促其按照现行《起重机械安装改造重大修理监督检验规则》(TSG Q7016)的要求接受监督检验。

图5-2 起重机械

起重机械安装前,使用单位应当监督施工单位依法履行安装告知义务,使用前应当履行监督检验义务,并且在施工结束后要求施工单位及时提供以下施工技术资料,存入安全技术档案:

(1)施工告知证明;

(2)隐蔽工程及其施工过程记录、重大技术问题处理文件;

(3)施工质量证明;

(4)施工监督检验证明(适用于实施安装、改造和重大维修监督检验的)。

不实施安装监督检验的起重机械,使用单位应当按照现行《起重机械定期检验规则》(TSG Q7015)的规定,向检验检测机构提出首次检验申请,经检验合格,办理使用登记,依法投入使用。

3)起重机械安全管理制度

使用单位应当设置起重机械安全管理机构或者配备专职或者兼职的安全管理人员,从事起重机械的安全管理工作。

使用单位应当建立健全起重机械使用安全管理制度,并且严格执行。使用安全管理制度至少包括以下内容:

(1)安全管理机构的职责;

(2)单位负责人、起重机械安全管理人员和作业人员岗位责任制;

(3)起重机械操作规程,包括操作技术要求、安全要求、操作程序、禁止行为等;

(4)索具和备品备件采购、保管和使用要求;

(5)日常维护和自行检查要求;

(6)使用登记和定期报检要求;

(7)安全管理人员、起重机械作业人员教育培训和持证上岗要求;

（8）安全技术档案管理要求；

（9）事故报告处理制度；

（10）应急救援预案和救援演练要求；

（11）执行本规则以及有关安全技术规范和接受安全监察的要求。

使用单位的起重机械安全管理人员和作业人员，应当按照《特种设备作业人员考核规则》（TSG Z6001—2019）的规定和要求，经考核合格，取得市场监管部门颁发的《特种设备安全管理和作业人员证》（图5-3），方可从事相应的安全管理和作业工作。

图5-3　特种设备安全管理和作业人员证

4）起重机械安全管理人员应当履行的职责

（1）组织实施日常维护和自行检查、全面检查；

（2）组织起重机械作业人员及其相关人员的安全教育和安全技术培训工作；

（3）按照有关规定办理起重机械使用登记、变更手续；

（4）编制定期检验计划并且落实定期检验的报检工作；

（5）检查和纠正起重机械使用中的违章行为，发现问题立即进行处理，情况紧急时，可以决定停止使用起重机械并且及时报告单位有关负责人；

（6）组织制定起重机械应急救援预案，一旦发生事故，按照预案要求及时报告和进行救援；

（7）对安全技术档案的完整性、正确性、统一性负责。

起重机械安全管理人员工作时应当随身携带《特种设备作业人员证》，并且自觉接受质监部门的监督检查。

5）起重机械作业人员应当履行的职责

（1）严格执行起重机械操作规程和有关安全管理制度；

（2）填写运行记录、交接班等记录；

（3）进行日常维护和自行检查，并且进行记录；

（4）参加安全教育和安全技术培训；

（5）严禁违章作业，拒绝违章指挥；

（6）发现事故隐患或者其他不安全因素立即向现场管理人员和单位有关负责人报告，当事故隐患或者其他不安全因素直接危及人身安全时，停止作业并且在采取可能的应急措施后撤离作业现场；

（7）参加应急救援演练，掌握相应的基本救援技能。起重机械作业人员作业时应当随身携带《特种设备作业人员证》，并且自觉接受使用单位的安全管理和质监部门的监督检查。

6)使用单位应当建立起重机械安全技术档案

安全技术档案至少包括以下内容:

(1)设计文件,包括总图、主要受力结构件图、机械传动图、电气和液压(气动)系统原理图;

(2)产品质量合格证明;

(3)安装使用维修说明;

(4)制造监督检验证书(适用于实施制造监督检验的);

(5)整机和安全保护装置的型式试验合格证明(制造单位盖章的复印件,按覆盖原则提供);

(6)特种设备制造许可证(制造单位盖章的复印件,取证的样机除外)。

(7)施工告知证明;

(8)隐蔽工程及其施工过程记录、重大技术问题处理文件;

(9)施工质量证明;

(10)施工监督检验证明(适用于实施安装、改造和重大维修监督检验的)。

(11)与起重机械安装、运行相关的土建技术图样及其承重数据(如轨道承重梁等);

(12)起重机械使用登记表(在表述"起重机械使用登记表"时简称"使用登记表");

(13)监督检验报告及定期检验报告;

(14)在用安全保护装置的型式试验合格证明;

(15)日常使用状况、运行故障和事故记录;

(16)日常维护和自行检查、全面检查记录。

7)起重机械出租管理

起重机械出租单位应当与承租单位签订协议,明确出租和承租单位各自的安全责任。承租单位在承租期间应当对起重机械的使用安全负责。禁止承租使用以下起重机械:

(1)未进行使用登记的;

(2)没有完整的安全技术档案的;

(3)未经检验(包括需要实施的监督检验或者投入使用前的首次检验,以及定期检验)或者检验不合格的。

8)起重机械的拆卸

使用单位应当选择具有相应安装许可资格的单位实施起重机械的拆卸工作,并且监督拆卸单位制定拆卸作业指导书,按照拆卸作业指导书的要求进行施工,保证起重机械拆卸过程的安全。

拆卸作业指导书应当包括拆卸作业技术要求、拆卸程序、拆卸方法和措施等内容。

9）起重机械的检验

使用单位应当按照现行《起重机械定期检验规则》(TSG Q7015)的要求,在检验有效期届满前1个月向检验检测机构提出定期检验申请,并且做好定期检验相关的准备工作。

对于流动作业的起重机械,使用单位应当向使用所在地的检验检测机构申请定期检验,并且将定期检验报告报负责使用登记的监管部门。

超过定期检验周期或者定期检验不合格的起重机械,不得继续使用。

10）起重机械的报废

起重机械具有下列情形之一的,使用单位应当及时予以报废,并且采取解体等销毁措施:

（1）存在严重事故隐患,无改造、维修价值的;

（2）达到安全技术规范等规定的设计使用年限不能继续使用或者报废条件的。

11）起重机械的评估

起重机械出现故障或者发生异常情况,使用单位应当停止使用,对其进行全面检查,消除事故隐患,并且进行记录,记录存入安全技术档案。

使用单位可以根据起重机械使用情况,聘请有关机构或者有关专家对使用状况进行评估。使用单位可以根据评估结果进行整改,并且对其整改结果负责。

12）起重机械应急措施

使用单位应当制定起重机械应急救援预案,当发生起重机械事故时,使用单位必须采取应急救援措施,防止事故扩大,同时,执行《特种设备事故报告和调查处理规定》的规定。

5.1.3 桥门式起重机使用登记和变更

1）起重机械的使用登记

起重机械投入使用前或者投入使用后30日内,使用单位应当到起重机械使用所在地的直辖市或设区的市的市场部门(以下简称登记机关)办理使用登记。

流动作业的起重机械,在产权单位所在地的登记机关办理使用登记。

使用单位应当将特种设备使用登记证(图5-4)置存于以下位置:

（1）有司机室的置于司机室内的显著位置;

（2）无司机室的存入使用单位的安全技术档案。

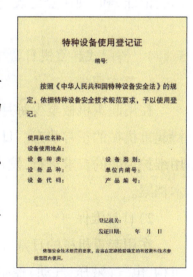

图5-4　特种设备使用登记证

2）起重机械的停用

起重机械停用1年以上时，使用单位应当在停用后30日内向登记机关办理报停手续，并且将使用登记证交回登记机关；重新启用时，应当经过定期检验，并且持检验合格的定期检验报告到登记机关办理启用手续，重新领取使用登记证。

未办理停用手续的，定期检验按正常检验周期进行。

3）起重机械的改造

需要改变起重机械性能参数与技术指标的，必须经过具备相应资格的单位进行改造，并且按照《起重机械安装改造重大维修监督检验规则》的规定，实施监督检验。

起重机械在改造完成后投入使用前，使用单位应当重新填写"使用登记表"，并且持原"使用登记表""使用登记证"、改造监督检验证书，向使用登记机关办理使用登记变更。

4）起重机械的移装

在登记机关行政区域内移装起重机械，移装完成后投入使用前，使用单位应当重新填写使用登记表，并且持原"使用登记表""使用登记证"，向原登记机关办理变更手续。

起重机械跨原登记机关行政区域进行移装，原使用单位应当持原"使用登记表""使用登记证"，向原登记机关办理使用登记注销手续。移装完成后投入使用前，使用单位应当重新填写"使用登记表"，并且持"过户（移装）证明"、原"使用登记表"和"使用登记证"、移装的监督检验证书、上一周期的定期检验报告，向移装地登记机关重新办理使用登记。

5）起重机械报废

使用单位应当提出书面的报废申明，向登记机关办理使用登记注销手续，并且将"使用登记证"和"使用登记表"交回登记机关进行注销。

5.1.4 桥门式起重机日常维护和自行检查

1）基本要求

在用起重机械至少每月进行一次日常维护和自行检查，每年进行一次全面检查，保持起重机械的正常状态。日常维护和自行检查、全面检查应当按照本规则和产品安装使用维护说明的要求进行，发现异常情况，应当及时进行处理，并且记录，记录存入安全技术档案。

2）日常维保

在用起重机械的日常维护，重点对主要受力结构件、安全保护装置、工作机构、操作机构、电气（液压、气动）控制系统等进行清洁、润滑、检查、调整、更换易损件和失效的零部件。

3）自行检查

在用起重机械的自行检查至少包括以下内容：

（1）整机工作性能；

（2）安全保护、防护装置；

（3）电气（液压、气动）等控制系统的有关部件；

（4）液压（气动）等系统的润滑、冷却系统；

（5）吊钩及其闭锁装置、吊钩螺母及其放松装置；

（6）联轴器；

（7）钢丝绳磨损和绳端的固定；

（8）链条和吊辅具的损伤。

4）全面检查

起重机械的全面检查，除包括要求的自行检查的内容外，还应当包括以下内容：

（1）金属结构的变形、裂纹、腐蚀，以及其焊缝、铆钉、螺栓等连接；

（2）主要零部件的变形、裂纹、磨损；

（3）指示装置的可靠性和精度；

（4）电气和控制系统的可靠性；

（5）必要时还需要进行相关的载荷试验。

5）维护检查开展要求

使用单位可以根据起重机械工作的繁重程度和环境条件（图5-5）的恶劣状况，确定日常维护、自行检查和全面检查的周期和内容。

图5-5　起重机械工作环境

起重机械的日常维护、自行检查，应当由使用单位的起重机械作业人员实施；全面检查，应当由使用单位的起重机械安全管理人员负责组织实施。

使用单位无能力进行日常维护、自行检查和全面检查时，应当委托具有起重机械制造、安装、改造、维修许可资格的单位实施,但是必须签订相应工作合同,明确责任。

5.2 桥门式起重机日常安全使用相关要求

5.2.1 安全工作制度

应建立起重机安全工作制度,无论是进行单项作业还是一组重复性作业,所有起重机作业都应遵守起重机安全工作制度。起重机在某地作业或永久固定(如在厂内或码头)的起重机作业均应遵守此项制度。

安全工作制度应包括以下内容:

(1)工作计划。所有起重机都应制定工作计划以确保操作安全并应将所有潜在的危险考虑在内。应由具有丰富工作经验并经指定的人员制订工作计划。对于重复性作业或循环作业,该计划应在首次操作时制订,并定期检查,确保计划内容不变。

(2)起重机和起重设备的正确选用、提供和使用。

(3)起重机和起重设备的维护、检查和检验等。

(4)制定专门的培训计划并确定明确自身职责的主管人员以及与起重操作有关的其他人员。

(5)由通过专门培训并拥有必要权限的授权人员实行全面的监督。

(6)获取所有必备证书和其他有效文件。

(7)在未被批准的情况下,任何时候禁止使用或移动起重机。

(8)与起重作业无关人员的安全规定。

(9)与其他有关方的协作,目的是在避免伤害事故或安全防护方面达成的共识或合作关系。

(10)设置包括起重机操作人员能理解的通信系统。

(11)故障及事故的发生应及时报告并做好记录。

(12)使用单位应根据所使用起重机械的种类、构造的复杂程度,以及使用的具体情况,建立必要的规章制度。如交接班制度、安全操作规程、绑挂指挥规程、维护制度、定期自行检查制度、检修制度、培训制度、设备档案制度等。

(13)使用单位应建立设备档案,设备档案应符合本指南的要求。

5.2.2 起重作业计划

所有起重作业计划应保证安全操作并充分考虑到各种危险因素。计划应由有经验的主管人员制定。如果是重复或例行操作,这个计划仅需首次制订就可以,然后进行周期性的复查,以保证没有改变的因素。

计划应包括如下:

(1)载荷的特征和起吊方法;

(2)起重机应保证载荷与起重机结构之间保持符合有关规定的作业空间;

(3)确定起重机起吊的载质量时,应包括起吊装置的质量;

(4)起重机和载荷在整个作业中的位置;

(5)起重机作业地点应考虑可能的危险因素、实际的作业空间环境和地面或基础的适用性;

(6)起重机所需要的安装和拆卸;

(7)当作业地点存在或出现不适宜作业的环境情况时,应停止作业。

5.2.3 故障及事故报告

指派人员应保证坚持有效的故障及事故报告制度。该制度应包括告知指派人员,记录故障排除的结果以及起重机再次投入使用的许可手续。

该制度还应包括及时通报以下情况:

(1)每日检查或定期检查中发现的故障;

(2)在其他时间发现的故障;

(3)不论轻重与否的突发事件或意外事件;

(4)无论何原因发生的过载情况;

(5)发生的危险情况或事故报告。

5.2.4 人员的选择、职责和基本要求

1)指派人员

指派人员包括但不限于起重机司机、吊装工、指挥人员、安装人员、维保人员。指派人员应负有以下的职责:

(1)机械操作相关事项进行审核,包括提出工作计划,起重机械、起升机构和设备的选择;工作指导和监管。这些对保证安全工作是必要的。还应包括与其他责任方的协商以及确保在必要时各相关组织之间的协作。

(2)保证对起重机械的全面检查、检验,以及确认设备已经维护。

(3)保证报告故障和事故的有效程序以及采取必要的正确处理方式。

(4)负有组织和控制起重机械操作的责任。保证主管人员的指派要与司机和其他起重作业人员的指派相同。

指派人员应被赋予执行所有职责的必要权力,特别是在其认为继续操作可能产生危

险时。某些导致危险的作业情况下,指派人员拥有停止操作的权力。

在适当的情况下,指派人员可将工作任务委托给他人,但还要担负其工作职责。

在吊运重物时,起重机械司机与起重机械指挥不宜是同一人。

2)起重机司机

起重机司机应遵照制造商说明书和安全工作制度,负责起重机的安全操作。除接到停止信号之外,在任何时候都只应服从吊装工或指挥人员发出的可明显识别的信号。

司机应具备以下条件:

(1)具备相应的文化程度;

(2)年满18周岁;

(3)在视力、听力和反应能力方面能胜任该项工作;

(4)具有安全操作起重机的体力;

(5)具有判断距离、高度和净空的能力;

(6)在所操作的起重机械上受过专业培训,并有起重机及其安全装置方面的丰富知识;

(7)经过起重作业指挥信号的培训,理解起重作业指挥信号,听从吊装工或指挥人员的指挥;

(8)熟悉起重机械上的灭火设备并经过使用培训;

(9)熟知在各种紧急情况下处置及逃逸手段;

(10)具有操作起重机械的资质(出于培训目的在专业技术人员指挥监督下的操作除外)。

注:适合操作起重机械的健康证明年限不得超过5年。

3)吊装工

吊装工负责在起重机械的吊具上吊挂和卸下重物,并根据相应的载荷定位的工作计划选择适用的吊具和吊装设备。

吊装工负责按计划实施起重机械的移动和重物搬运。当吊装工不止一人时,则在任一次操作中,根据他们相对起重机的位置,只应由其中一人负责。当该吊装工处于司机看不见的位置时,为确保操作信号的连续性,指挥人员必须将信号传送给司机,使用视觉或听觉信号均可。

在起重机械工作中,如果指挥起重机械和载荷移动的职责移交给其他有关人员,吊装工应向司机说明情况。而且,司机和被移交者应明确各自应负有的责任。

吊装工应具备下列条件:

(1)具备相应的文化程度;

(2)年满18周岁;

(3) 在视力、听力和反应能力方面能胜任该项工作；

(4) 具备搬动吊具和组件的体力；

(5) 具有估计起吊物品质量、平衡载荷及判断距离、高度和净空的能力；

(6) 经过吊装技术培训；

(7) 具有根据物品的情况选择合适的吊具及组件的能力；

(8) 经过起重作业指挥信号的培训,理解并能熟练使用起重作业指挥信号；

(9) 需要使用听觉设备(如对讲机)时,能熟练使用该设备并能发出准确、清晰的口令；

(10) 熟悉起重机的性能及相关参数,具有指挥起重机和载荷安全移动的能力；

(11) 具有担负该项工作的资质(出于培训的目的在专业技术人员指挥监督下的操作除外)。

4) 指挥人员

指挥人员应负有将信号从吊装工传递给司机的责任。指挥人员可以代替吊装工指挥起重机械和载荷的移动,但在任何时候只能由一人负责。

在起重机械工作中,如果把指挥起重机械安全运行和载荷搬运的工作职责移交给其他有关人员,指挥人员应向司机说明情况。而且,司机和被移交者应明确其应负的责任。

指挥人员应具备下列条件：

(1) 具备相应的文化程度；

(2) 年满18周岁；

(3) 在视力、听力和反应能力方面能胜任该项工作；

(4) 具有判断距离、高度和净空的能力；

(5) 经过起重作业指挥信号的培训,理解并能熟练使用起重作业指挥信号；

(6) 需要使用听觉设备(如对讲机)时,能熟练使用该设备并能发出准确、清晰的口令；

(7) 熟悉起重机的性能及相关参数,具有指挥起重机和载荷安全移动的能力；

(8) 具有担负该项工作的资质(出于培训的目的在专业技术人员指挥监督下的操作除外)。

5) 安装人员

安装人员负责按照安装方案及制造商提供的说明书安装起重机械,当需要两个或两个以上安装人员时,应指定一人作为"安装主管"在任何时候监管安装工作。

安装人员应具备下列条件：

(1) 具备相应的文化程度；

(2) 年满18周岁；

(3) 在视力、听力和反应能力方面能胜任该项工作；

(4) 具有安全搬运物品包括起重机械安装工作的体力；

(5) 能够胜任高空作业环境(出于培训的目的，在专业技术人员指挥监督下的操作除外)；

(6) 具有估计重物质量、平衡重物及判断距离、高度和净空的能力；

(7) 经过吊装技术及起重作业指挥信号的培训；

(8) 具有根据物品的情况选择合适的吊具及吊装设备的能力；

(9) 在起重机安装、拆卸以及所安装的起重机的操作方面培训合格；

(10) 在对所安装的起重机上的安全装置的安装和调试方面培训合格。

6) 维护人员

维护人员的职责是维护起重机械以及对起重机械的安全使用和正常操作负责。他们应遵照制造商提供的维护手册并在安全工作制度下对起重机械进行所有必要的维护。

维护人员应该符合下列条件：

(1) 具备相应的文化程度；

(2) 熟悉所维修的起重机械及其危险性；

(3) 受过相应的教育和培训，包括学习特种设备使用方面的相关课程；

(4) 熟悉起重机械维护的有关工作程序和安全防护措施。

5.2.5 安全性保障

1) 总体要求

在现场负责所进行全面管理的人员或组织以及起重机操作中的人员对起重机械的安全运行都负有责任。主管人员应保证安全教育和起重作业中各项安全制度的落实。起重作业中与安全性有关的环节包括起重机械的使用、维修和更换安全装备、安全操作规程等所涉及的各类人员的责任应落实到位。

2) 指挥起重机械操作的人员识别

指挥起重机械操作的人员(吊装工或指挥人员)应易于为起重机械司机所识别，例如通过穿着明亮色彩的服装或使用无线电传呼信号。

3) 人员的安全装备

指派人员应保证安全装备符合下列要求：

(1) 人员安全装备(如安全帽、安全眼镜、安全带、安全靴和听力保护装置)适用于工作现场。

(2) 在工作前后检查安全装备，按规定程序进行维护或在必要时进行更换。

(3) 在需要时应保存检查和维修记录。

(4)某些安全装备(例如安全帽和安全带)应根据有关规定定期更换。由于撞击损坏的安全装备应立即更换。

4)人员安全装备的使用

所有正在起重作业的工作人员、现场参观者或与起重机械邻近的人员应了解相关的安全要求。有关人员应向这些人员讲解人身安全装备的正确使用方法,并要求他们使用这些装备。

5)安全通道与紧急逃逸

安全通道和紧急逃生装置在起重机运行以及检查、检验、试验、维护、修理、安装和拆卸过程中均应处于良好状态。

任何人登上或离开起重机械,均须报告在岗起重机械司机并获得许可。

应在人员须知中规定仅使用(并应该使用)正规安全通道和紧急逃逸方式。

应配备必要的灭火器材。

5.2.6 检查、试验、维护、调试与修理

5.2.6.1 检查

指派人员应保证检查符合以下要求。

1)日常检查

在每次换班前或每个工作日的开始前,对在用起重机械应按其类型选择下列适合的内容进行日常检查:

(1)按制造商手册的要求进行检查。

(2)检查所有钢丝绳在滑轮和卷筒上缠绕正常,没有错位。

(3)检查电气设备外观,不允许沾染润滑油、润滑脂、水或灰尘。

(4)检查有关的台面和(或)部件外观,无润滑油和冷却剂等液体的洒落。

(5)检查所有的限制装置或保险装置,以及固定手柄或操作杆的操作状态,在非正常工作情况下采取措施进行检查。

(6)按制造商的要求检查超载限制器的功能是否正常,并按制造商的要求进行日常检查。

(7)具有幅度指示功能的超载限制器,应检查幅度指示值与臂架实际幅度的符合性。

(8)检查各气动控制系统中的气压(如制动器中的气压)是否处于正常状态。

(9)检查照明灯、风窗玻璃刮水器和清洗装置是否能正常使用。

(10)外观检查起重机车轮和轮胎的安全状况。

(11)空载时检查起重机械所有控制系统是否处于正常状态。

(12)检查所有听觉报警装置能否正常操作。

（13）出于对安全和防火的考虑，检查起重机是否处于整洁环境，并且远离油罐、废料、工具等，已有安全储藏措施的情况除外。检查起重机械的出入口，要求无障碍以及相应的灭火设施应完备。

（14）检查防风锚定装置（固定时）的安全性以及起重机械运行轨道上有无障碍物。

（15）在开动起重机械之前，检查制动器和离合器的功能是否正常。

（16）检查液压和气压系统软管在正常工作情况下是否有非正常弯曲和磨损。

（17）在操作之前，应确定在设备或控制装置上没有插入电缆接头或布线装置。

（18）应做好检查记录并加以保存归档。

2）周检

正常情况下每周检查一次，或按制造商规定的检查周期和根据起重机械的实际使用工况制定检查周期进行检查。除了按本指南规定的检查内容外，还应根据起重机械类型针对下列适合的内容进行检查：

（1）按制造商的使用说明书要求进行检查。

（2）检查所有钢丝绳外观有无断丝、挤压变形、笼状扭曲变形或其他的损坏迹象，以及过度的磨损和表面锈蚀情况。起重链条有无变形、过度磨损和表面锈蚀情况。

（3）检查所有钢丝绳端部结点、旋转接头、销轴和固定装置的连接情况。还需检查滑轮和卷筒的裂纹和磨损情况，检查所有的滑轮装置有无损坏及卡绳情况。

（4）检查起重机械结构有无损坏，例如桥架或桁架式臂架有无缺损、弯曲、上拱、屈曲，以及伸缩臂的过量磨损痕迹、焊接开裂、螺栓和其他紧固件的松动现象。

（5）如果结构检查发现危险的征兆，则需要去除油漆或使用其他的无损检测技术来确定危害是否存在。

（6）对于高强度螺栓连接，应按规定的扭矩要求和制造商规定的时间间隔进行检查。

（7）检查吊钩和其他吊具、安全卡、旋转接头有无损坏、异常活动或磨损。检查吊钩柄螺纹和保险螺母有无可能因磨损或锈蚀导致的过度转动。

（8）在空载情况下，检查起重机械所有控制装置的功能。

（9）超载限制器应按其使用说明书的要求进行定期标定。

（10）对液压起重机械，检查液压系统有无渗漏。

（11）检查制动器和离合器的功能。

（12）检查流动式起重机上的轮胎压力，以及轮胎是否有损坏、轮盘和外胎轮面的磨损情况。还需检查轮子上螺栓的紧固情况。

（13）对在轨道上运行的起重机，应检查轨道、端部止挡，如有锚固也需进行检查。检查除去轨道上异物的安全装置及其状况。

（14）如有防摆锁，应进行检查。

(15)应做好检查记录并加以保存归档。

3)不经常使用的起重机械检查

除了备用起重设备外,一台起重机械如果停止使用一个月以上,但不超过一年的起重机械应在使用前按规定进行检查。

一台起重机械如果停止使用一年以上,在使用前应按规定进行检查。

5.2.6.2 试验

对于新制造的、新安装的、改造和大修的起重机械在初次使用之前及起重机械发生重大设备事故之后再次使用,应进行载荷起升能力试验。上述改造是指改变起重机械受力结构、机构或控制系统,致使起重机械的性能参数与技术指标发生变更;大修是指需要通过拆卸或更新修理主要受力结构部件,亦包括对机构或控制系统进行整体修理,但大修后起重机械的性能参数与技术指标不应变更。

起重机械的载荷起升能力试验包括静载试验、动载试验、稳定性试验(适用时)。

试验前应先进行目测检查和空载试验。空载试验中各操作与控制装置应操作灵活、可靠;各机构运动平稳、准确,不允许有爬行、振颤、冲击等异常现象;各限位装置、防护装置动作准确、可靠。

检查与载荷起升能力试验的内容应按《起重机 试验规范和程序》(GB/T 5905—2011)规定进行。试验应由有资格的人员进行。

试验后,起重机械的超载防护装置应重新标定,并达到规定的要求。

应制定具有签字栏和日期栏的试验记录,以供使用。记录的内容至少要有试验工况、程序、试验要求、有资格的检验人员和负责人员的签名。

5.2.6.3 维护

1)预防性维护

应在起重机械制造厂建议的基础上建立预防性的维护计划,并制定注明日期的维护记录以供使用。

所有需要润滑的运动零件或器件应定期进行润滑,应检查润滑系统的供给情况。严格遵守制造厂规定的润滑部位(点)、润滑维护级别和润滑形式。如果没有装备自动润滑系统,设备应在停机状态下进行润滑,并应按本指南的要求采取防护措施。

更换的主要零部件应符合原制造厂规定的技术要求。应经制造商同意,方可采用代用件及代用材料。

2)维护程序

起重机械重大调整或检修之前,应采取下列预防措施:

(1)运行式起重机械应开到指定的位置,避免对作业区内的其他起重机械造成干扰;

(2)全部控制装置应置于零位或空挡位置;

(3)除了试验目的之外,应把主开关或紧急开关置于断路位置并锁住;

(4)应设置警示标志牌;

(5)在同一轨道上有其他起重机械作业时,应在轨道上设置停止器或其他装置,避免对起重机械的维修工作造成干扰;

(6)当在轨道上不能设置临时的停止器时,应在有利于观察的位置上安排指挥人员,以提示司机注意接近维修工作区的情况。

起重机械调整或检修后,全部安全装置应重新安装调整完毕并应达到其相应的功能,拆除并移去维修设备,同时完成有关规定的试验,起重机械才能投入使用。警示标志牌应由指派人员拆除。

5.2.6.4 调试与修理

按前文检查出危险状况都应在起重机械重新作业之前被改正。调试和修理工作应由专业人员来进行。

1)部件或器件的调试

起重机械应保持经常性调试,以保证部件或器件的功能正确。经常性调试的项目包括:

(1)功能性的操作机构;

(2)限制装置;

(3)控制系统;

(4)制动系统;

(5)动力装置。

2)金属结构的焊接补强与修理

金属结构的焊接补强与修理后的质量应符合相关标准规定。施工之前应制订工作计划。工作计划至少应包括下列内容:

(1)确定原结构所用母材类型,确定母材对焊接的适应性。

(2)对补强或修理的部位进行应力分析。应确定所有使用条件下的静载荷和动载荷。应考虑构件在以往的服役中可能遭受的累积损坏。

(3)承受周期性载荷的构件应在设计中考虑以前的载荷经历,如果不清楚载荷经历,必要时应进行疲劳应力计算。

(4)对进行加热、焊接或热切割的构件应考虑其允许的承载程度,必要时应减轻载荷。考虑到升高的温度将遍布有关横截面的各处,因此,应审核承载构件的局部或整体稳定性。

(5)应对已腐蚀或其他性质的受损部件作出复原性修理,或更换整个构件的决定。

(6)应制定有关工艺要求。

(7) 应规定外观检查或必要的无损检测的质量检查要求。

5.2.7 起重机的设置

1) 起重机设置的基本条件

起重机械的设置应主要考虑下列影响其安全操作的因素：

(1) 起重机械的支撑条件；

(2) 现场和附近的其他危险因素；

(3) 工作和非工作状态下风力的影响；

(4) 具备在施工场地设置或安装起重机械以及在起重作业完成之后拆卸和移动起重机械的通道。

2) 起重机械竖立或支撑条件

指派人员应确保地面或其他支撑设施能承受起重机械施加的载荷，主管人员应对此做出评估。

起重机械在工作状态、非工作状态和在安装、拆卸过程中产生的载荷，应从起重机械制造商或起重机械设计、制造方面的权威机构获得。

该载荷应包括下列组合载荷：

(1) 起重机械（包括配重、平衡重或需要时的基础）的净重；

(2) 重物及吊具的净重；

(3) 起重机械运行引起的动载荷；

(4) 由最大允许风速导致的风载荷，考虑工作场地的暴露程度。

起重机械在工作状态下可能产生较大的载荷，但非工作状态和安装、拆卸过程中产生的载荷也应加以考虑。

指派人员应负责确保地面或支撑设施能使起重机械在制造商规定的工作级别和参数下工作。

3) 起重机械周围的障碍物

起重机械作业应考虑其周围的障碍物，如附近的建筑、其他起重机、车辆或堆垛的货物、公共交通区域（包括高速公路、铁路和河流）。

不应忽视通向或来自地下设施（如煤气管道或电缆线）的危险。应采取措施使起重机械避开任何地下设施；如果避不开，应对地下设施实施保护措施，预防灾害事故发生。

起重机械或其吊载通过有障碍物的地方，应注意观察下列环境：

(1) 现场条件允许时，起重机械的运行路线应清晰地标出，使其远离障碍物。起重机械的任何部件与障碍物之间应有足够的间隙。如不能达到规定的间隙要求，应采取有效措施，防止任何阻挡或被挤住的危险。

（2）在起重机械附近周期性堆放货物的地方，在地面上应长期标记其边界线。

4) 起重机械馈电裸滑线的安全距离

起重机械馈电裸滑线与周围设备的安全距离应符合表 5-1 的规定，否则应采取安全防护措施。

起重机馈电裸滑线与周围设备的安全距离　　　　表 5-1

项　目	安全距离（mm）
距地面高度	>3500
距汽车通道高度	>6000
距一般管道	>1000
距氧气管道及设备	>1500
距易燃气体及液体管道	>3000

5) 架空电线和电缆

起重机在靠近架空电缆线作业时，指派人员、操作者和其他现场工作人员应注意以下几点：

（1）在不熟悉的地区工作时，检查是否有架空线；

（2）确认所有架空电缆线路是否带电；

（3）在可能与带电动力线接触的场合，工作开始之前，应首先考虑当地电力主管部门的意见；

（4）起重机工作时，臂架、吊具、辅具、钢丝绳、缆风绳及载荷等，与输电线的最小距离应符合表 5-2 的规定。

起重机与输电线的最小距离　　　　表 5-2

输电线路电压 V(kV)	<1	1~20	35~110	154	220	330
最小距离(m)	1.5	2	4	5	6	7

当起重机械进入到架空电线和电缆的预定距离之内时，安装在起重机械上的防触电安全装置可发出有效的警报，但不能因为配有这种装置而忽视起重机的安全工作制度。

6) 起重机械与架空电线的意外触碰

如果起重机械触碰了带电电线或电缆，应采取下列措施：

（1）司机室内的人员不要离开。

（2）警告所有其他人员远离起重机械，不要触碰起重机械、绳索或物品的任何部分。

（3）在没有任何人接近起重机械的情况下，司机应尝试独立地开动起重机械，直到动力电线或电缆与起重机械脱离。

（4）如果起重机械不能开动，司机应留在驾驶室内，设法立即通知供电部门。在未确认处于安全状态之前，不要采取任何行动。

(5)如果由于触电引起的火灾或者一些其他因素,应离开司机室,要尽可能跳离起重机械,人体部位不要同时接触起重机械和地面。

(6)应立刻通知对工程负有相关责任的工程师,或现场有关的管理人员。在获取帮助之前,应有人留在起重机附近,以警告危险情况。

5.2.8 起重机械的安装与拆卸

1)施工计划

起重机械的安装与拆卸应制订施工计划并应严格监督管理,施工计划的制订与起重机械操作的程序相同。

正确的安装与拆卸程序应保证:

(1)应有特殊类型起重机械的安装维护和使用说明书;

(2)安装人员未完全理解说明书及有关的操作规程之前,不能进行安装作业;

(3)整个安装和拆卸作业应按照说明书进行,并且由安装主管人员负责;

(4)参与工作的所有人员都具有扎实的操作知识;

(5)更换的部件和构件应为合格品;

(6)如果将起重机械从安装地点移至另外的工作地点,应采用制造商推荐的方法;

(7)起重机械的状态应符合制造商所规定的各种限制。

改变任何预定程序或技术参数应经起重机械设计者或工程师的同意。

2)安全防护装置

在安装和拆卸的过程中,有时需断开或短接起重力矩限制器、起重量限制器或运行限位器等安全防护装置的开关,使安全防护装置丧失功能。在起重机被交付使用之前,起重机施工的指派人员应保证所有安全防护装置功能正常。

5.2.9 起重机械的操作

1)起重机械安全操作一般要求

(1)司机操作起重机械时,不允许从事分散注意力的其他操作。

(2)司机体力和精神不适时,不得操作起重设备。

(3)司机应接受起重作业人员的起重作业指挥信号的指挥。当起重机的操作不需要信号员时,司机负有起重作业的责任。无论何时,司机随时都应执行来自任何人发出的停止信号。

(4)司机应对自己直接控制的操作负责。无论何时,当怀疑有不安全情况时,司机在起吊物品前应和管理人员协商。

(5)在离开无人看管的起重机之前,司机应做到下列要求:

①被吊载荷应下放到地面,不得悬吊;

②使运行机构制动器上闸或设置其他的保险装置;

③把吊具起升到规定位置;

④根据情况,断开电源或脱开主离合器;

⑤将所有控制器置于"零位"或空挡位置;

⑥固定住起重机械,防止发生意外的移动;

⑦当采用发动机提供动力时,应使发动机熄火;

⑧露天工作的起重机械,当有超过工作状态极限风速的大风警报或起重机处于非工作状态时,为避免起重机移动,应采用夹轨器和/或其他装置使起重机固定。

(6)如对于电源切断装置或起动控制器有报警信号,在指定人员取消这类信号之前,司机不得接通电路或开动设备。

(7)在接通电源或开动设备之前,司机应查看所有控制器,使其处于"零位"或空挡位置。所有现场人员均在安全区内。

(8)如果在作业期间发生供电故障,司机应做到下列要求:

①在适合的情况下,使制动器上闸或设置其他保险装置;

②应切断所有动力电源,或使离合器处于空挡位置;

③如果可行,可控制制动器把悬吊载荷放到地面。

(9)司机应熟悉设备和设备的正常维护。如起重机械需要调试或修理,司机应把情况迅速报告给管理人员并应通知接班司机。

(10)在每一个工作班开始前,司机应试验所有控制装置。如果控制装置操作不正常,应在起重机械运行之前调试和修理。

(11)当风速超过制造厂规定的最大工作风速时,不允许操作起重机械。

(12)起重机械的轨道或结构上结冰或其周围能见度下降的气候条件下操作起重机械时,应减慢速度或提供有效的通信等手段,以保证起重机的安全操作。

(13)夜班操作起重机时,作业现场应有足够的照度。

2)载荷的吊运

(1)在吊运前应通过各种方式确认起吊载荷的质量。同时,为了保证起吊的稳定性,应通过各种方式确认起吊载荷质心,确立质心后,应调整起升装置,选择合适的起升系挂位置,保证载荷起升时均匀平衡,没有倾覆的趋势。

起吊载荷的质量应符合下列要求:

①除了本指南规定的试验要求之外,起重机械不得起吊超过额定载荷的物品;

②当不清楚载荷的精确质量时,负责作业的人员要确保吊起的载荷不超过额定

载荷。

（2）系挂物品应符合下列要求：

①起重绳索或链条不能缠绕在物品上；

②物品要通过吊索或其他有足够承载能力的装置挂在吊钩上；

③链条不能用螺栓或钢丝绳进行连接；

④吊索或链条不应沿着地面拖曳。

（3）悬停载荷应符合下列要求：

①司机不能在载荷悬停时离开控制器；

②任何人不得在悬停载荷的下方停留或通过；

③当出现符合(3)①要求的例外情况时，如果载荷悬停在空中的时间比正常提升操作时间长时，在司机离开控制器前应采取措施避免起重机械运动。

（4）移动载荷应符合下列要求：

①有关人员在指挥起吊作业时应注意下列要求：

a）采用合适的吊索具；

b）载荷刚被吊离地面时要保证安全，而且载荷在吊索具或提升装置上要保持平衡；

c）载荷在运行轨迹上应与障碍物保持一定的间距。

②在开始起吊前，应注意下列要求：

a）起重钢丝绳或起重链条不得产生扭结；

b）多根钢丝绳或链条不得缠绕在一起；

c）采用吊钩的起吊方式应使载荷转动最小；

d）如果有松绳现象应进行调整，避免钢丝绳在卷筒或滑轮位置上发生松弛；

e）考虑风对载荷和起重机械的影响；

f）起吊的载荷不得被其他的物体卡住或连接。

③起吊过程中要注意：

a）起吊载荷时不得突然加速和减速；

b）载荷和钢丝绳不得与任何障碍物刮碰；

c）对无反接制动性能的起重机，除特殊紧急情况外，不得利用打反车进行制动。

④起重机械不许斜向拖拉物品（为特殊工况设计的起重机械除外）；

⑤吊运载荷时，不得从人员上方通过；

⑥每次起吊接近额定载荷的物品时，应慢速操作，并应先把物品吊离地面较小的高度，试验制动器的制动性能；

⑦起重机械进行回转、变幅和运行时，要避免突然启动和停止。吊运速度应控制在

使物品的摆动半径在规定的范围内。当物品的摆动有危险时,应做出标志或限定的轮廓线。

3)多台起重机械的联合起升

在多台起重机械的联合起升操作中,由于起重机械之间的相互运动可能产生作用于起重机械、物品和吊索具上的附加载荷,而对这些附加载荷的监控是困难的。因此,只有在物品的尺寸、性能、质量或物品所需要的运动由单台起重机械无法操作时,才使用多台起重机械操作。

多台起重机械的操作应制订联合起升作业计划,还应包括仔细估算每台起重机按比例所搬运的载荷。基本要求是确保起升钢丝绳保持垂直状态。多台起重机所受的合力不应超过各台起重机单独起升操作时的额定载荷。

多台起重机械的起升操作应考虑的主要因素如下。

(1)重物的质量。

应了解或计算重物的总质量及其分布。对于从图样中获得的相关参数,应给出在铸件和轧制件的预留公差和制造公差。

(2)质心。

由于制造公差、轧制裕度、焊接金属质量等因素的影响,可能确定不了精确的质心,造成分配到每台起重机械的载荷比例是不准确的。必要时,应采用有关方法精确确定质心。

(3)取物装置的质量。

取物装置的质量应作为起重机计算起升载荷的一部分。当搬运较重的或形状复杂的重物时,从起重机械额定起重量中扣除取物装置的质量可能更重要。因而应该准确了解取物装置以及必要的吊钩组件的质量及其分布情况。

(4)取物装置的承载能力。

应确定在起升操作中取物装置内部产生的力的分布。取物装置应留有超过所需均衡载荷的充分的载荷裕度,有针对特殊起升操作的专门要求除外。为适应联合起升操作过程中产生的载荷或作用力的分布与方向的最大变化,经计算确定是否使用特殊取物装置。

(5)起重机械的同步动作。

多台起重机械的起升过程中,应使作用在起重机械上力的方向和大小变化保持到最小;应尽可能使用额定起重量相等和相同性能的起重机械;应采取措施使各种不均衡影响降至最低,例如起重机械难以达到精确同步、起升速度的不均衡等。

(6)监控设备。

监控设备用于监控载荷的角度和每根起重绳稳定通过起升操作的垂直度和作用力。

这种监控设备的使用有助于将起重机上的载荷控制在规定值之内。

(7)起升操作的监督。

应有被授权人员参加并全面管理多台起重机的联合起升操作,只有该人员才能发出作业指令。但在突发事件中,目睹险情发生的人可以给出常用停止信号的情况除外。如果从一个位置无法观察到全部所需的观测点,安排在其他地点的观察人员应把有关情况及时向指派人员报告。

(8)联合起升操作过程中的承载能力要求。

如果当(1)~(6)的相关因素达到规定的合格要求并被指派人员所认可,那么,每台起重机操作就可以达到其额定载荷。

当上述有关因素不能达到规定的合格要求时,指派人员应根据具体情况决定对起重机降低额定载荷使用,可降低到额定载荷的75%或更多。

4)遥控起重机

为防止未经许可使用起重机,例如通过无线电信号传输控制起重机的司机应注意:

(1)随身携带遥控器;

(2)短期离开时,拔出钥匙,随身携带;

(3)长期离开或不使用起重机时,妥善保管遥控器。

如遥控器固定在皮带或背带上,司机在打开遥控器之前就应穿好背带,防止突然操作起重机。遥控器只能在操作起重机时打开,并且在解开背带之前关闭遥控器。

使用遥控起重机时的遥控区域应在常规范围内进行测试。在每次开始移动起重机时或当司机换人时也应检查遥控范围,确保在规定的限制区域内操作起重机械。

5.3 桥门式起重机设备安全要求

5.3.1 起重机械安装基础、安全距离及标记、标牌与安全标志

1)界限尺寸和净距

在最不利位置和最不利装载条件下,起重机的所有运动部分(吊具和其他取物装置除外)与建筑物的净距规定如下:

(1)距固定部分不小于0.05m;

(2)距任何栏杆或扶手不小于0.10m;

(3)距出入区不小于0.50m(出入区是指允许人员进出的所有通道,但工作平台除外)。

2)安全距离

起重机械运动部分与建筑物、设施、输电线的安全距离,应符合下述要求:

(1)起重机械各运动部分的下界限线与下方的一般出入区(从地面或从属于建筑物的固定或活动部分算起,工作或维修平台及类似物除外)之间的垂直距离不应小于1.7m,与通常不准人出入的下方的固定或活动部分(例如,棚顶、加热器、机械部分和运行在下方的起重机等)及与栏杆顶部的垂直距离不应小于0.5m。

(2)起重机械各运动部分的上界限线与上方的固定或活动部分(例如,起重小车的最高处与房顶结构最低点、下垂吊灯、下敷管道或与运行在其上方的起重机的最低点)之间的垂直距离,在维护区域和维修平台等处不应小于0.5m。如果不会对人员产生危险,这个距离可以减小到0.1m。

(3)与输电线的安全距离,要求与前文相同。

3)通道与平台

(1)起重机上所有操作部位以及要求经常检查和维护的部位(包括臂架顶端的滑轮和运动部分),凡距离地面距离超过2m的,都应通过斜梯(或楼梯)、平台、通道或直梯到达,梯级的两边应装设护栏。不论起重机在什么位置,通道、斜梯(或楼梯)、平台都应有安全入口。如臂架可放到地面或人员可到达的部位进行全面直接检查,或者设有其他构造能进行直观检查时,则臂架上也可以不设置通道。

(2)斜梯、通道和平台的净空高度不应低于1.8m。运动部分附近的通道和平台的净宽度不应小于0.5m;如果设有扶手或栏杆,在高度不超过0.6m的范围内,通道的净宽度可减至0.4m。固定部分之间的通道净宽度不应小于0.4m。

起重机结构件内部很少使用的进出通道,其最小净空高度可为1.3m,但此时通道净宽度应增加到0.7m。只用于维护的平台,其上面的净空高度可以减到1.3m。

通道距离下方裸露动力线的高度小于0.5m时,应在这些区域采用实体式地板。

4)标记、标牌与安全标志

(1)起重机应有标记、标牌和安全标志。起重机的规格标记应符合下列要求:

①额定起重量(或额定起重力矩),应永久性标明。

②额定起重量随全幅度范围变化的起重机,应设有明显可见的额定起重量随幅度全程变化的曲线或表格;凡不同幅度段规定有不同额定起重量的,幅度段的划分及各段的额定起重量,均应永久性地标明并明显可见。由制造商提供的操作说明书应能对不同幅度起重量做出更详细的说明。

③如果起重机配备有多个起升机构,则应分别标明每个起升机构的额定起重量。由制造商提供的操作说明书,应指明这些起升机构是否可以同时使用。

(2)每台起重机都应在适当的位置装设标牌,标牌应至少标明以下内容:①制造商名称;②产品名称和型号;③主要性能参数;④出厂编号;⑤制造日期。

(3)应在起重机的合适位置或工作区域设有明显可见的文字安全警示标志,如"起升物品下方严禁站人""臂架下方严禁停留""作业半径内注意安全""未经许可不得入内"等。在起重机的危险部位,应有安全标志和危险图形符号,安全标志和危险图形符号应符合现行《起重机 安全标志和危险图形符号 总则》(GB 15052)的规定。安全标志的颜色,应符合现行《安全色》(GB 2893)的规定。采用高压供电的起重机械,应在高压供电位置及高压控制设备处设置警示标志。如"高压危险"等。

5.3.2 电动机保护要求

1)电动机的保护

电动机应具有如下一种或一种以上的保护功能,具体选用应按电动机及其控制方式确定:

(1)瞬动或反时限动作的过电流保护,其瞬时动作电流整定值应约为电动机最大起动电流的1.25倍;

(2)在电动机内设置热传感元件;

(3)热过载保护。

2)线路保护

所有线路都应具有短路或接地引起的过电流保护功能,在线路发生短路或接地时,瞬时保护装置应能分断线路。对于导线截面较小,外部线路较长的控制线路或辅助线路,当预计接地电流达不到瞬时脱扣电流值时,应增设热脱扣功能,以保证导线不会因接地而引起绝缘烧损。

3)错相和缺相保护

当错相和缺相会引起危险时,应设错相和缺相保护。

4)零位保护

起重机各传动机构应设有零位保护。运行中若因故障或失压停止运行后,重新恢复供电时,机构不得自行动作,应人为将控制器置回零位后,机构才能重新启动。

5)失压保护

当起重机供电电源中断后,凡涉及安全或不宜自动开启的用电设备均应处于断电状态,避免恢复供电后用电设备自动运行。

6)电动机定子异常失电保护

起升机构电动机应设置定子异常失电保护功能;当调速装置或正反向接触器故障导致电动机失控时,制动器应立即上闸。

7)超速保护

对于重要的、负载超速会引起危险的起升机构和非平衡式变幅机构应设置超速开关。超速开关的整定值取决于控制系统性能和额定下降速度,通常为额定速度的 1.25～1.4 倍。

5.3.3 接地与防雷

(1)交流供电起重机电源应采用三相(3Φ+PE)供电方式。设计者应根据不同电网采用不同形式的接地故障保护,并由用户负责实施。接地故障保护应符合《低压配电设计规范》(GB 50054—2011)的有关规定。

(2)起重机械本体的金属结构应与供电线路的保护导线可靠连接。起重机械的钢轨可连接到保护接地电路上。但是,它们不能取代从电源到起重机械的保护导线(如电缆、集电导线或滑触线)。司机室与起重机本体接地点之间应用双保护导线连接。

(3)起重机械所有电气设备外壳、金属导线管、金属支架及金属线槽均应根据配电网情况进行可靠接地(保护接地或保护接零)。

(4)严禁用起重机械金属结构和接地线作为载流零线(电气系统电压为安全电压除外)。

(5)在每个引入电源点,外部保护导线端子应使用字母 PE 来标明。其他位置的保护导线端子应使用图示符号或用字母 PE,或用黄/绿双色组合标记。

(6)保护导线只用颜色标识时,应在导线全长上使用黄/绿双色组合。如果保护导线能容易地按其形状、位置或结构(如编织导线)识别,或者绝缘导线难以购到,则不必在导线全长上使用颜色代码。但应在端头或易接近部位上清楚地标明图示符号或黄/绿双色组合标记。

(7)对于安装在野外且相对周围地面处在较高位置的起重机,应考虑避免雷击对其高位部件和人员造成损坏和伤害,特别是如下情况:

①易遭雷击的结构件(例如臂架的支承缆索);

②连接大部件之间的滚动轴承和车轮(例如支承回转大轴承、运行车轮轴承);

③为保证人身安全起重机运行轨道应可靠接地。

(8)对于保护接零系统,起重机械的重复接地电阻或防雷接地的接地电阻不大于 10Ω。对于保护接地系统的接地电阻不大于 4Ω。

5.3.4 绝缘电阻

对于电网电压不大于 1000V 时,在电路与裸露导电部件之间施加 500V(DC)时测得的绝缘电阻不应小于 1MΩ。

对于不能承受所规定的测试电压的元件(如半导体元件、电容器等),试验时应将其短接。试验后,被试电器进行外观检查,应无影响继续使用的变化。

5.3.5 照明与信号

(1)每台起重机的照明回路的进线侧应从起重机械电源侧单独供电,当切断起重机械总电源开关时,工作照明不应断电。各种工作照明均应设短路保护。

(2)当室外起重机总高度大于30m时,且周围无高于起重机械顶尖的建筑物和其他设施,两台起重机械之间有可能相碰,或起重机械及其结构妨碍空运或水运,应在其端部装设红色障碍灯。灯的电源不应受起重机停机影响而断电。

(3)起重机应有指示总电源分合状况的信号,必要时还应设置故障信号或报警信号。信号指示应设置在司机或有关人员视力、听力可及的地点。

5.3.6 限制运动行程和工作位置的安全装置

1)起升高度限位器

起升机构均应装设起升高度限位器。用内燃机驱动,中间无电气、液压、气压等传动环节而直接进行机械连接的起升机构,可以配备灯光或声响报警装置,以替代限位开关。

当取物装置上升到设计规定的上极限位置时,应能立即切断起升动力源。在此极限位置的上方,还应留有足够的空余高度,以适应上升制动行程的要求。在特殊情况下,如吊运熔融金属,还应装设防止越程冲顶的第二级起升高度限位器,第二级起升高度限位器应分断更高一级的动力源。

需要时,还应设下降深度限位器;当取物装置下降到设计规定的下极限位置时,应能立即切断下降动力源。

上述运动方向的电源切断后,仍可进行相反方向运动(第二级起升高度限位器除外)。

2)运行行程限位器

起重机和起重小车(悬挂型电动葫芦运行小车除外),应在每个运行方向装设运行行程限位器,在达到设计规定的极限位置时自动切断前进方向的动力源。在运行速度大于100m/min,或停车定位要求较严的情况下,宜根据需要装设两级运行行程限位器,第一级发出减速信号并按规定要求减速,第二级应能自动断电并停车。

如果在正常作业时起重机和起重小车经常到达运行的极限位置,司机室的最大减速度不应超过2.5m/s^2。

3)防碰撞装置

当两台或两台以上的起重机械或起重小车运行在同一轨道上时,应装设防碰撞装置。在发生碰撞的任何情况下,司机室内的减速度不应超过 $5m/s^2$。

4)缓冲器及端部止挡

在轨道上运行的起重机的运行机构、起重小车的运行机构及起重机的变幅机构等均应装设缓冲器或缓冲装置。缓冲器或缓冲装置可以安装在起重机上或轨道端部止挡装置上。

轨道端部止挡装置应牢固可靠,防止起重机脱轨。

有螺杆和齿条等的变幅驱动机构,还应在变幅齿条和变幅螺杆的末端装设端部止挡防脱装置,以防止臂架在低位置发生坠落。

5)水平仪

利用支腿支承或履带支承进行作业的起重机,应装设水平仪,用来检查起重机底座的倾斜程度。

5.3.7 防超载的安全装置——起重量限制器

对于动力驱动的 1t 及以上无倾覆危险的起重机械应装设起重量限制器。对于有倾覆危险的且在一定的幅度变化范围内额定起重量不变化的起重机械也应装设起重量限制器。

需要时,当实际起重量超过 95% 额定起重量时,起重量限制器宜发出报警信号(机械式除外)。

当实际起重量在 100%～110% 的额定起重量之间时,起重量限制器起作用,此时应自动切断起升动力源,但应允许机构做下降运动。

内燃机驱动的起升和/或非平衡变幅机构,如果中间没有电气、液压或气压等传动环节而直接与机械连接,该起重机械可以配备灯光或声响报警装置来替代起重量限制器。

5.3.8 抗风防滑和防倾翻装置

1)抗风防滑装置

(1)室外工作的轨道式起重机应装设可靠的抗风防滑装置,并应满足规定的工作状态和非工作状态抗风防滑要求。

(2)工作状态下的抗风制动装置可采用制动器、轮边制动器、夹轨器、顶轨器、压轨器、别轨器等,其制动与释放动作应考虑与运行机构联锁并应能从控制室内自动进行操作。

(3)起重机只装设抗风制动装置而无锚定装置的,抗风制动装置应能承受起重机非工作状态下的风载荷;当工作状态下的抗风制动装置不能满足非工作状态下的抗风防滑要求时,还应装设牵缆式、插销式或其他形式的锚定装置。起重机有锚定装置时,锚定装置应能独立承受起重机非工作状态下的风载荷。

(4)非工作状态下的抗风防滑设计,如果只采用制动器、轮边制动器、夹轨器、顶轨器、压轨器、别轨器等抗风制动装置,其制动与释放动作也应考虑与运行机构联锁,并应能从控制室内自动进行操作(手动控制防风装置除外)。

(5)锚定装置应确保在下列情况下起重机及其相关部件安全可靠:

①起重机进入非工作状态并且实施锚定时;

②起重机处于工作状态,起重机进行正常作业并实施锚定时;

③起重机处于工作状态且在正常作业,突然遭遇超过工作状态极限风速的风载而实施锚定时。

2)防倾翻安全钩

起重吊钩装在主梁一侧的单主梁起重机、有抗震要求的起重机及其他有类似防止起重小车发生倾翻要求的起重机,应装设防倾翻安全钩。

5.3.9　联锁保护

(1)进入桥式起重机和门式起重机的门,和从司机室登上桥架的舱口门,应能联锁保护;当门打开时,应断开可能会对人员造成危险的机构的电源。

(2)司机室与进入通道有相对运动时,进入司机室的通道口,应设联锁保护;当通道口的门打开时,应断开可能会对人员造成危险的机构的电源。

(3)可在两处或多处操作的起重机,应有联锁保护,以保证只能在一处操作,防止两处或多处同时都能操作。

(4)当既可以电动驱动,也可以手动驱动时,相互间的操作转换应能联锁。

(5)夹轨器等制动装置和锚定装置应能与运行机构联锁。

(6)对小车在可俯仰的悬臂上运行的起重机,悬臂俯仰机构与小车运行机构应能联锁,俯仰悬臂放平后小车方能运行。

5.3.10　其他安全防护装置

1)风速仪及风速报警器

(1)对于室外作业的高大起重机应安装风速仪,风速仪应安置在起重机上部迎风处。

(2)对室外作业的高大起重机应装有显示瞬时风速的风速报警器,且当风力大于工作状态的计算风速设定值时,应能发出报警信号。

2)轨道清扫器

当物料有可能积存在轨道上成为运行的障碍时,在轨道上行驶的起重机和起重小车,在台车架(或端梁)下面和小车架下面应装设轨道清扫器,其扫轨板底面与轨道顶面之间的间隙一般为 5～10mm。

3）防小车坠落保护

塔式起重机的变幅小车及其他起重机要求防坠落的小车，应设置使小车运行时不脱轨的装置，即使轮轴断裂，小车也不能坠落。

4）检修吊笼或平台

需要经常在高空进行检修作业的起重机，应装设安全可靠的检修吊笼或平台。

5）导电滑触线的安全防护

（1）桥式起重机司机室位于大车滑触线一侧，在有触电危险的区段，通向起重机的梯子和走台与滑触线间应设置防护板进行隔离。

（2）桥式起重机大车滑触线侧应设置防护装置，以防止小车在端部极限位置时因吊具或钢丝绳摇摆与滑触线意外接触。

（3）多层布置桥式起重机时，下层起重机应采用电缆或安全滑触线供电。

（4）其他使用滑触线的起重机械，对易发生触电的部位应设防护装置。

6）报警装置

必要时，在起重机上应设置蜂鸣器、闪光灯等作业报警装置。流动式起重机倒退运行时，应发出清晰的报警音响并伴有灯光闪烁信号。

7）防护罩

在正常工作或维修时，为防止异物进入或防止其运行对人员可能造成的危险，应设有保护装置。起重机上外露的、有可能伤人的运动零部件，如开式齿轮、联轴器、传动轴、链轮、链条、传动带、皮带轮等，均应装设防护罩/栏。

在露天工作的起重机（图 5-6）上的电气设备应采取防雨措施。

图 5-6 露天工作的起重机

参 考 文 献

[1] 范天吉.特种设备安全监察条例实施手册[M].北京:科学技术文献出版社,2009.
[2] 国家质量监督检验检疫总局.特种设备使用管理规则:TSG 08—2017[S].北京:新华出版社,2017.
[3] 全国起重机械标准化技术委员会(SAC/TC 227).起重机安全规程 第1部分:总则:GB 6067.1—2010[S].北京:中国标准出版社,2011.
[4] 国家质量监督检验检疫总局,中国国家标准化管理委员会.起重机械安全规程 第5部分:桥式和门式起重机:GB/T 6067.5—2014[S].北京:中国标准出版社,2015.
[5] 全国起重机械标准化技术委员会(SAC/TC 227).起重机设计规范:GB/T 3811—2008[S].北京:中国标准出版社,2008.
[6] 全国起重机械标准化技术委员会(SAC/TC 227).起重机 术语 第1部分:通用术语:GB/T 6974.1—2008[S].北京:中国标准出版社,2009.
[7] 全国起重机械标准化技术委员会(SAC/TC 227).起重机 术语 第5部分:桥式和门式起重机:GB/T 6974.5—2008[S].北京:中国标准出版社,2009.
[8] 全国起重机械标准化技术委员会.塔式起重机安全规程:GB 5144—2006[S].北京:中国标准出版社,2007.
[9] 住房和城乡建设部.建筑施工升降设备设施检验标准:JGJ 305—2013[S].北京:中国建筑工业出版社,2014.
[10] 住房和城乡建设部.建筑起重机械安全评估技术规程:JGJ/T 189—2009[S].北京:中国建筑工业出版社,2010.
[11] 住房和城乡建设部.市政架桥机安全使用技术规程:JGJ 266—2011[S].北京:中国建筑工业出版社,2012.
[12] 住房和城乡建设部.建筑施工升降机安装、使用、拆卸安全技术规程:JGJ 215—2010[S].北京:中国建筑工业出版社,2010.
[13] 住房和城乡建设部.建筑施工塔式起重机安装使用拆卸安全技术规程:JGJ 196—2010[S].北京:中国建筑工业出版社,2010.
[14] 北京建筑机械化研究院.施工升降机安全规范:GB 10055—2007[S].北京:中国标准出版社,2007.
[15] 全国升降工作平台标准化技术委员会(SAC/TC 335).货用施工升降机 第1部分:运载装置可进人的升降机:GB/T 10054.1—2021[S].北京:中国标准出版社,2021.
[16] 国家质量监督检验检疫总局.起重机械定期检验规则:TSG Q7015—2016[S].北京:新华出版社,2016.
[17] 全国起重机械标准化技术委员会(SAC/TC 227).架桥机通用技术条件:GB/T 26470—2011[S].北京:中国标准出版社,2012.
[18] 全国起重机械标准化技术委员会(SAC/TC 227).架桥机安全规程:GB 26469—2011[S].北京:中国标准出版社,2012.